Südtirol

und die Dolomiten

extraLapis No. 22

REDAKTION
MICHAEL WACHTLER

MIT BEITRÄGEN UND BILDERN VON:
BENNO BAUMGARTEN (BOZEN), REINHARD DALLINGER (INNSBRUCK), LORENZ FISCHNALLER (TEIS), ARTUR GARTNER (STERZING), ARCHIV GRUNDMANN, VOLKMAR MAIR (BOZEN), MARKUS MAHLKNECHT (AUER), MARTIN SCHÖNEGGER, MICHAEL WACHTLER (INNICHEN), STEFAN WEIß (MÜNCHEN).

UNTERSTÜTZT VON:
VERBAND DER SÜDTIROLER MINERALIEN- UND FOSSILIENSAMMLERVEREINE
AMT FÜR KULTUR DER AUTONOMEN PROVINZ SÜDTIROL

Kultur und Tradition

Mineraliensuchen ist mehr als nur eine Leidenschaft einiger Weniger in Südtirol. Es ist Lebensgefühl und teilweise sogar Religion und Kult. Kristalle werden nicht nur in den Sammlungen aneinander gereiht. In einem persönlichem Umfeld wird versucht, den Mineralien eine Seele einzuhauchen.

IN ZUSAMMENARBEIT MIT DER ZEITSCHRIFT LAPIS
CHRISTIAN WEISE VERLAG · MÜNCHEN

Südtirols alpine Kluftkostbarkeiten

Weiterführende Literatur
Auf Literaturzitate wurde in diesem extraLapis weitgehend verzichtet.

BOSELLINI A. (1996): Geologie der Dolomiten Athesia, Bozen

GASSER G. (1913) Die Mineralien Tirols, Verlag der Wagner'schen Universitäts-Buchhandlung, Innsbruck

LAMMERER B. (1998) Wege durch Jahrmillionen, Tappeiner, Lana bei Meran

MAIR, V., STINGL, V. 1996 Mineralien, Zeitzeugen der Erdgeschichte, Tappeiner, Lana bei Meran

DER STOANSUCHER Verschiedene Hefte, Bozen

WACHTLER M., KANDUTSCH G. (2000): Die Kristallsucher Band 1 + 2 Weise-Verlag, München

Zur Korrespondenz *mit den Autoren: Adressen auf Seite 3*

Ein besonderer Dank *gilt Herrn Dr. Georg Kandutsch für die wissenschaftliche Beratung*

Faszination und Mythos der Kristalle

Durch die Fundgeschichten werden viele Kristallfunde noch bedeutungsvoller. In der Nähe der Gletscherregionen des Windtals arbeitet der Ahrntaler Kristallsucher Franz Innerbichler an einer besonders ergiebigen Kluft, die einzigartige Morionstufen barg. 500 Höhenmeter mußten die Finder das dringend benötigte Wasser, das sie zum Abschmelzen des ewigen Eises benötigten, in die Höhe schleppen.

Die Mineralienvielfalt der Dolomiten

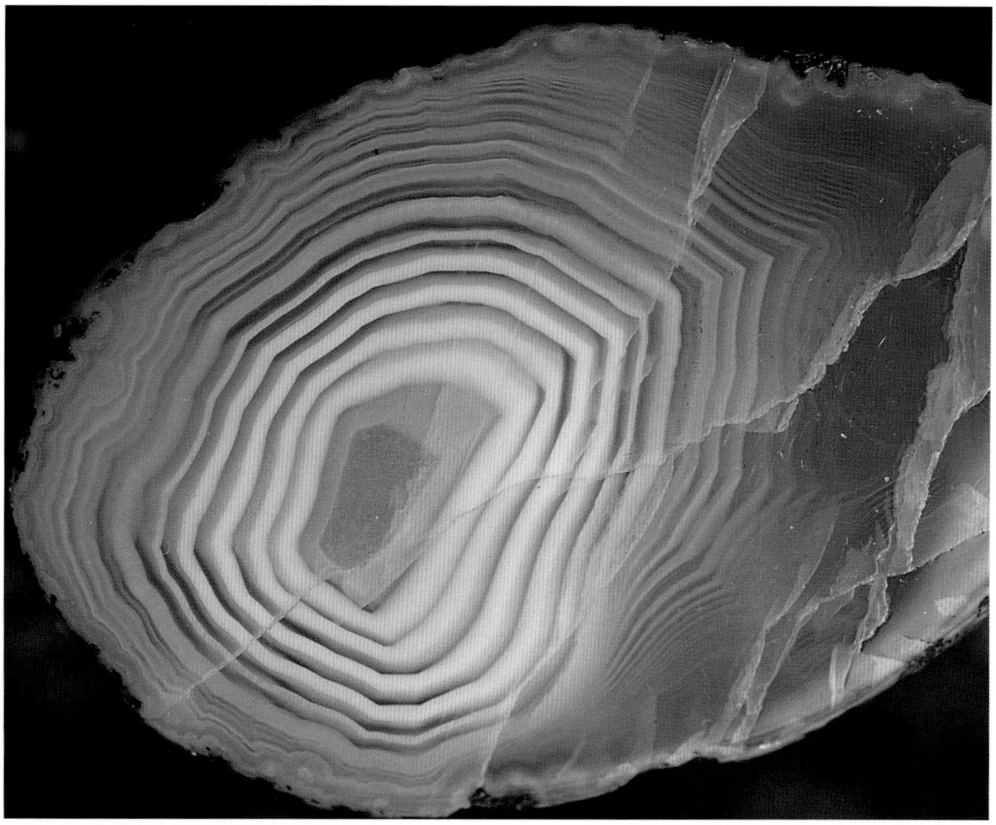

Von Teiser Kugeln und dem Tal der Fassaite

Als Kunstwerk der Natur entpuppt sich diese Teiser Kugel im Anschnitt. Die Geode vermittelt einiges von ihrer wechselvollen Entstehungsgeschichte. Das überraschende Zusammenspiel zwischen versteinerten Resten eines Jahrmillionen alten tropischen Meeres und gleichzeitigen Vulkanausbrüchen, bei denen sich eine Fülle von einzigartigen Mineralien bildeten, machte die Dolomiten zu einer mineralogischen Stätte ersten Ranges. Hier wurde Mineralogie- und Geologiegeschichte geschrieben.

Sammlung Mineralienmuseum Teis, Foto Lorenz Fischnaller

Adressen der Autoren

Dr. Benno Baumgarten
Franzisaknergasse 8
I-39100 Bozen

Dr. Reinhard Dallinger
Defreggerstraße 1
A-Innsbruck

Arthur Gartner
Moosweg 1
I-39049 Sterzing

Dr. Daniel Lorenz
Vittorio Veneto Str. 56/5
I-39100 Bozen

Dr. Volkmar Mair
Gfrill 27
I-39010 Tisens

Michael Wachtler
P. P. Rainerstr. 11
I-39038 Innichen

Wichtige Information:
Zum Mineraliensammeln in Südtirol braucht es eine Sammelgenehmigung. Für Informationen wenden Sie sich an folgende Adresse:
Landesverband der Südtiroler Mineraliensammler
Naturmuseum Südtirol
Bindergasse 1
39100 Bozen

Kristallsuchen vor 8.000 Jahren

Archäologen und Mineralogen arbeiten zusammen

Michael Wachtler wandert von der Steinzeit bis in die Neuzeit auf den Spuren der Kristallsucher

Der Südtiroler Markus Mahlknecht hat sich zwei Berufe zueigen gemacht. Er ist Hirte aus Leidenschaft und dazu noch Doktor der Ur- und Frühgeschichte. Ein naturverbundenes Leben gilt für ihn als oberstes Lebensprinzip. Im Sommer 1999 trieb es ihn ins Pfitschtal auf die Sterzinger Hütte. Nicht weit davon entfernt liegt eine der klassischen Mineralfundstellen der Ostalpen – die Burgum. Die Zirkone gelten als die besten der Alpen und viele Mineraliensammler haben einen Großteil ihrer Suchtouren dorthin gemacht. Mahlknecht dagegen ist kein Kristallsucher, aber Archäologe. Als er an einem trüben Sommertag unter einem großen Stein, auf 2.400 Meter, im Volksmund „Murmelstein" zu graben beginnt, erscheinen plötzlich in einer Holzkohlenschicht Artefakte aus Silex und Hornstein. Dann Stichel aus Bergkristall und sogar ein vollkommen erhaltener Kristall, an die 5 cm groß. Silex findet man im Sterzinger Gebiet weit und breit nirgends, dafür aber in den Dolomiten oder bei Verona. Der zwingende Schluß für den Archäologen: Vor 8.000 Jahren muß es steinzeitliche Jäger und Sammler hierher verschlagen haben, um den Sommer zu verbringen. Und diese Menschen des Mesolithikums müssen auch auf die Suche nach Bergkristallen gegangen sein. In den Pfitscher Bergen fanden sie die Klüfte; sie bearbeiteten den Stein zu Pfeilspitzen, Schabern und anderen Geräten, um dann im Herbst wieder in ihre südlichen Gefilde zurückzukehren.

Der Murmelstein in Burgum auf 2.400 Meter Höhe. Vor 8.000 Jahren verschlug es Jäger der Steinzeit hierher. Foto: Markus Mahlknecht.

Werkzeuge aus Bergkristall und Hornstein, die von den steinzeitlichen Jägern benutzt wurden. Daneben ein unbearbeiteter Bergkristall. Rechts: Der Archäologe Markus Mahlknecht begutachtet seine Funde aus Burgum.

Szenenwechsel nach Mondeval de Sora in die südlichen Dolomiten, 8.000 Jahre vor unserer Zeit: Der groß gewachsene, reich geschmückte Mann steigt mühsam höher. Er ist der Anführer einer Gruppe von Menschen, welche die Sommermonate nützen, um hier oben das reichlich vorhandene Wild zu jagen. Vor Wintereinbruch werden sie wieder in die tiefer gelegenen Orte des Südens zurückkehren. Bald befinden sie sich auf 2.150 Meter Meereshöhe, doch dem ungefähr Vierzigjährigen geht es immer schlechter. Sein Tod ist nahe. In Würde bestatten ihn seine Freunde, unter einem markant herausragenden Felsblock. Sie überlassen ihm alles, was er bei sich trägt: Eine Kette aus Hirschzähnen, eine Harpune, Pfeilspitzen, Splitter aus Bergkristall. Sorgsam wird er mit all seinen Beigaben mit einen Fellmantel umhüllt, dann bedeckt man alles mit ausgewählten Steinen, und schüttet Sand und lockeres Geröll darüber. Sein Körper soll nicht den wilden Tieren anheimfallen.

Im Jahre 1985 durchstreift Vittorio Cazzetta aus Selva di Cadore auf der Suche nach Fossilien die Gegend. Während eines Gewitters flüchtet er sich unter einen Stein und harrt auf Wetterbesserung. Um die Zeit totzuschlagen, gräbt er im lockeren Sand herum, und findet plötzlich die ersten

Ein sensationeller Fund: In Engberg (Pfunders) auf 2.000 m Höhe wurde im Abraum einer geöffneten Kluft, die noch einige Bergkristalle enthielt, diese Pfeilspitze aus Hornstein geborgen. Es muß ein Zeitgenosse des Mannes aus dem Eis gewesen sein. Fotos: Martin Schönegger

Knochenreste, Silex und Bergkristallsplitter. Nirgendwo in den Dolomiten findet man diese Bergkristalle. So muß es schon gleich nach den Eiszeiten die Menschen auf der Suche nach Schätzen in die Gebirge getrieben haben, wobei Handelsbeziehungen über Hunderte von Kilometern aufgebaut wurden.

Der Fund von Mondeval wurde ab dem Jahr 1986 von verschiedenen Spezialisten ausgegraben und zählt mit zu den wichtigsten steinzeitlichen Funden der Alpen.

Wann zog es die Menschen zum ersten Mal hinauf auf die Berge? Den genauen Zeitpunkt werden wir wohl niemals in Erfahrung bringen können. Wir sind nur auf Vermutungen angewiesen und auf Zeugen menschlicher Kultur. Zum Erstaunen aller mußte die Geschichte immer wieder neu umgeschrieben werden. Um 1980 wurden die beiden Archäologen Alberto Broglio und Reimo Lunz darauf aufmerksam gemacht, dass am Valser Joch oberhalb von Brixen auf 2.000 Meter Meereshöhe neben Kratzern und Geräten aus Feuerstein auch Werkzeuge aus Bergkristall verwendet wurden. Das wahrscheinliche Alter: 10.000 Jahre. Also mußten sehr schnell nach dem Ende der Würm-Kaltzeit vor 15.000 Jahren Jäger bei ihren Streifzügen von Süden her immer tiefer in das Innere der Alpen vorgedrungen sein.

Und als der passionierte Kristallsucher Richard Perfler aus St. Lorenzen in Pfunders, im Gebiet des Engberg, einer der kluftträchtigsten Gebiete Südtirols auf über 2.000 Meter eine offene Kluft mit einigen Bergkristallen erspäht, findet er im Kluftsand zu seinem grenzenlosen Erstaunen eine wunderbar erhaltene Pfeilspitze aus Silex. Das schwierigste bei archäologischen Funden ist die Deutung. Warum fand sich gerade hier diese mehr als 5.000 Jahre alte Pfeilspitze? Suchte der steinzeitliche Jäger nach Kristallen, um daraus seine Geräte zu fertigen? Oder war er auf der Jagd und schoss nach einem Murmeltier? Wenn wir die Wahrheit auch nie mehr erfahren können, müssen wir es als gegeben hinnehmen, dass die Menschen schon seit Tausenden von Jahren neugierig in diese abweisenden Berge zogen, nicht um sie zu besteigen, sondern um ihnen ihre Schätze zu entreißen. Wild, wertvolle Steine, Erz hatten es ihnen angetan. Und es bestätigt, dass seit zehntausend Jahren Menschen in den Bergen als Kristallsucher unterwegs waren.

Eine besonders schön bearbeitete Pfeilspitze aus Bergkristall, die am Hügel des Klosters Säben ausgegraben wurde. Alter 5.000 Jahre. Foto Archäologiemuseum Südtirol.

In Gedanken verloren betrachtet Ugo Buogo aus Selva di Cadore in den südlichen Dolomiten das in Mondeval auf 2.150 m Höhe gefundene Skelett eines Mannes. Die Grabbeigaben, darunter Gegenstände aus Bergkristall, lassen auf einen Anführer schließen. Alter: 8.000 Jahre.

Kristalle für alle Ewigkeit

Funde, die die Jahrhunderte überdauern werden

DAS INNICHNER BERGKRISTALLKREUZ - STIFTSMUSEUM INNICHEN

Das Bergkristallkreuz vom Innichner Dom

Man schreibt das Jahr 1616. Das Stift Innichen hat mit Matthäus Prinstner wieder einen Schreiber für das Skriptorium. Ein Buch über die Prozessionen wird angelegt und stolz vermerkt Prinstner, dass bei besonderen Anlässen ein Bergkristallkreuz herumgetragen wird. Sonst liegt die Moral im Pustertal darnieder. Stiftsdekan Hieronymus Schüssler bringt es auf elf Kinder, von Kaiser und Papst legitimiert. Doch wie kam dieses einzigartige und wertvolle Kristallkreuz nach Innichen? Ein Rückblick: Aquileia und Venedig sind die Metropolen im Süden. Von hier aus drangen die alten Römer nach Norden in die Alpen, von hier aus wurde das Christentum verbreitet. Im Jahr 1497 erscheint aus der Hand des venetianischen Geistlichen Alberto Castellani ein Buch über die Messfeier. Abgeschrieben von einem uralten Dokument aus dem Innichner Stiftsdom. Das Buch erregt Bewunderung – schon nach kurzer Zeit sind drei Auflagen verkauft. Kam damals dieses wertvolle Kreuz aus einer der damals führenden Venetianer Kristallschleifereien nach Innichen? Valerio Belli aus Vicenza wird um diese Zeit zum höchst bezahlten Kristallschleifer, umgarnt und umworben von den Päpsten. Die Fürstenhöfe dürsten nach Kristallkunstwerken, von den Tälern der Südalpen wandern die besten Stücke nach Venedig. War dies das Dankeschön des Alberto Castellani an die Stiftsherren von Innichen für die Überlassung des Manuskripts? So könnte es gewesen sein. Vermutet der berühmte Südtiroler Chronist Egon Kühebacher.

Ein Bergkristall "aus dem Pußtertal"

Als im Jahr 1595 Erzherzog Ferdinand II. stirbt, hat er ein so großes Sammelsurium aus den verschiedensten Bereichen der Naturwissenschaften aus Schloß Ambras bei Innsbruck zusammengetragen, dass er damit in die Geschichte einging. Und hat damit das Sammeln erst richtig hoffähig gemacht. Neben Köpfen von Kretins und Mißgebildeten, Skeletten von Riesen und Zwergen waren auch Mineralien darunter. Vieles davon ist verloren gegangen, Weniges hat sich gerettet und gelangte auf abenteuerlichen Wegen nach Wien, darunter nur drei Quarzstufen. Doch eine davon besticht durch ihre Größe: Ein „Bergkristall aus dem Pußtertal", wie das Etikett vermerkt. 40 cm lang, ein Doppelender, wahrscheinlich aus dem Ahrntal, gesammelt von einem unbekannten Bauern, bestimmt für den Fürsten. Und heute noch bildet dieser Kristall eines der Prunkstücke im Naturhistorischen Museum in Wien als Beleg einer Jahrhunderte alten Tradition der Mineraliensuche.

BERGKRISTALL 16. JH. - NATURHISTORISCHES MUSEUM WIEN

Sepp Kofler und sein größtes Gwindel der Alpen

Es steht nicht mehr in seinem Bauernhaus im hintersten Ahrntal, in Kasern. Josef Kofler, der Zither Sepp, 1919 geboren, ist alt geworden. Hüftschmerzen plagen ihn und Rheuma, und es scheint, als würde er jeden Augenblick umfallen, wenn er sich dahinschleppt, so wie sein Haus, das genauso baufällig steht und wo er es ein Leben lang mit äußerstem Starrsinn vermieden hat, auch nur einen einzigen Nagel zu schlagen. Auch das legendäre Gwindel ist nun fort. Es steht im Mineralienmuseum Kirchler. Jenes Gwindel aus dem ruhmreichen Prettauer Bergwerk, von dem der Zither Sepp ein Leben lang erzählen konnte. Das größte der Welt sei es, und wehe man widersprach dem. Und alle plapperten die Geschichte vom Fund dieses 27 cm großen Gwindels nach, das er mit anderen Knappen im Jahr 1967 zufällig aus dem Stollen heraussprengte. Er, der Josef Kofler, einer unter drei Findern, korrigierte sein Glück, und schon gehörte es ihm. Und so stand es über Jahrzehnte in seiner Bauernhütte neben dem Herrgott. Reihenmäßig aneinander gewachsene Einzelkristalle, wie sie die Natur so selten zustande bringt. Jeder konnte dieses Gwindel besichtigen, und anschließend ging der Zither Sepp noch mit den Interessierten in die hintersten Kammern seiner Hütte, wo die Baufälligkeit noch augenscheinlicher wurde, und ließ die Menschen vor einem uralten russischen Mikroskop Platz nehmen. Dort zeigte er ihnen dann die Schätze der Heimat, wie sie niemand gesehen hatte: Rubinrote Granate, blaue Sphene, knallrote Anatase, alle aus dem Ahrntal.

RIESENGWINDEL - KOFLER SEPP

Die Täler der gläsernen Riesen

Große Kristallfunde haben das Ahrntal berühmt gemacht

Michael Wachtler bewegt sich auf den Spuren jener Männer und jener Klüfte, die Geschichte schrieben, und versucht dabei die innerste Seele dieser Kristallsucher zu erfassen.

MIT HANFSEILEN ÜBER DEN ABGRUND - KRISTALL VOM WOLLBACH

Da stehen sie vor ihren Funden: Bärtige Männer wie Andreas Hofer, sehnige Bauern, wettergegerbte Gesichter, aus denen ein unheimlicher Stolz spricht. Kristalle, manchmal doppelt so schwer wie der stärksten Männer Gewicht, haben sie von den Gletschern hinuntergeschleppt. Tagelang haben sie sich verausgabt, sich abgeschunden und Strategien entwickelt, um fast 200 kg schwere Bergkristalle heil und unversehrt in ihre windschiefen Bauernhütten hinein zu wuchten. Vor Jahrhunderten hätte man daraus wertvollste Kristallgefäße geschliffen, heute sind sie zum Bestaunen. Die Innerbichler, die Kirchler, die Steger und der alte Künig, der „Ebner“ wie sein Hof genannt wird, haben den Felsen unversehrt die gläsernen Riesen abgerungen.

Am Anfang stand Josef Künig. Nicht etwa, dass es nicht schon vor einem Jahrhundert oder gar einem Jahrtausend Kristallsucher in diesen Tälern gab. Nein, von denen wissen wir nichts. Irgendwann kamen die Wissenschaftler oder jene, die sich als solche fühlten. Sie beschrieben die Kristalle, wo sie gefunden wurden, welche chemische Zusammensetzung sie haben, wie sie eingeordnet werden. Bereitwillig gaben die Bauern – die Finder – ihr Wissen preis. „Bergkristall gibt es“ – „Kristall fand man“ schrieben die Fachleute und vergaßen diejenigen zu nennen, denen man diese Funde zu verdanken hatte. Als namenlose Helden gingen sie in die Fachbücher der Mineralogie ein. Der Josef Künig war der Lehrmeister für sie alle. Dem Innerbichler zeigte er, wie man Mineralien sammelt und auch dem Kirchler. Zum Künig pilgerten sie alle: Pio Mariani kam aus Mailand, um die besten Funde zu kaufen. Es war ein sonderbarer Handel. Josef Künig, der Unwissende, hatte – einem Maurer gleich – vorgeschlagen, nach Tagesaufwand entlohnt zu werden. Kristalle gab es in rauen Mengen, und am Ende der Sommersaison überreichte der Bauer Künig dem großen Mariani die erlesenen Fundstücke und ließ sich die Tagesschichten auszahlen. Pio Mariani war zufrieden. Er kam viele Jahre lang. Nur der Vinzenz Steger – der „Fuchs“ – war dem Künig ebenbürtig. Schafhirte war er und Schmuggler, barfuß ging er anfänglich auf Kristallsuche. Geld hatte er keines, aber mit dem ersten verkauften Kristall kaufte er sich ein paar Stiefel. Von nun an ging er zeit seines Lebens mit seinen Gummistiefeln Mineralien suchen. „Mit dem Buch findest du keinen Stein“, das war sein Motto, und an das hielt er sich ein Leben lang.

BLAUQUARZKLUFT VOM PIPPERGWALD, AHRNTAL

Ein Amethyst vom Dialer auf der Seiser Alm.

war ein Kind seiner Zeit. Geboren 1857 als Sohn einer wohlhabenden aber kinderreichen Familie in der Nähe von Bozen, verschlägt es ihn zuerst zur Malerei, bis er – dem aufkommenden Impressionismus überdrüssig – sich der Natur zuwendet und alles zu sammeln beginnt, was ihm nur unterkommt. Bald schon quillt sein Haus vor Exponaten über, dankend ergreift er das Angebot, ein Museum in Bozen damit zu füllen. Er wird zum Kustos und stopft hinein, was er nur kann. Besonders Mineralien. Seit 1895 beschäftigt ihn ein Traum. Er will ein Buch über die „*Mineralien Tirols*“ schreiben, mit all seinen Mineralien, aufgelistet die Fundorte und die Eigenheiten. Einige hatten es schon vor ihm versucht, 1821 Wilhelm Edler von Senger, 1852 Karl Doblicka, im gleichen Jahr auch noch die berühmten Leonhard Liebener und Johann Vorhauser mit einem Buch mit dem langatmigen Titel „*Die Mineralien Tirols nach ihrem eigenthümlichen Vorkommen in den verschiedenen Fundorten*“. Es waren alles dürre Bände geworden; er, Georg Gasser aber wollte etwas Allumfassendes machen. 1913 erscheint das Buch, zusammengekürzt, aber immer noch umfangreich und wird sofort zur Bibel für alle, die sich für die Mineralien Tirols interessieren. Bis auf den heutigen Tag.

Doch was geschieht mit der Gasser-Sammlung? Am 2. Juni 1931 stirbt Georg Gasser. In den Wirren des Faschismus wird die Sammlung zerschlagen. Die Erben wollen versilbern. Einen Teil – den schöneren – kauft Professor Angelo Bianchi, Direktor des Museums der Universität Padua, in einem finanziellen Kraftakt. Fast 3.000 Stück kommen nach Padua, für mehr reicht das Geld beim besten Willen nicht. Der Rest wird verscherbelt und was davon übrig bleibt, vermodert jahrelang in einem Franziskanerkloster. Bis es den Grundstock des neu zu errichtenden Naturmuseums in Bozen bilden soll. Das ist der Werdegang einer sagenhaften Sammlung, die zu den Spitzensammlungen Europas auf diesem Gebiet zählte. Wo sich alsbald, wie bei vielen anderen, auch die Märchen und Traumwelten zu spinnen begannen. Noch immer erzählen die Etiketten und Begleitzettel dieser Sammlung Geschichte und Geschichten. „*Rarität*“ steht auf einem, „*gekauft 1901 bei Kirchler Johann*“ auf einem nächsten. Wieviel würde man heute noch für diese Stücke hinblättern, befreit von ihrer ikonenhaften Verehrung? Wenig. Die Zeiten haben sich geändert. Man hat vor hundert Jahren anders gesucht. In offenen Klüften. Nach Hause getragen in Ruckekörben, aufbewahrt in offenen Kästen. Die Anfangssammler hatten es leicht, die heutigen Generationen besser. Heute muß man hart arbeiten, um im jungfräulichen Felsen Klüfte zu öffnen, denen noch nicht die Unbilden der Natur, Wind und Wetter zugesetzt haben. Anders hat man früher gesammelt. Der Zahn der Zeit hat viele der märchenumrankten Stufen aufgefressen, bis nur mehr sehr viel Sage und wenig Schönheit übrig blieb.

„Rauchquarz – Schwarzenbach, Taufers, Tirol. Gefunden 25. September 1901.“

Ein Unikat: Georg Gasser oder der Finder gaben sich unheimliche Mühe, um diese Kristallstufe aus dem Ahrntal zu einem Schaustück werden zu lassen. Sie ist aus drei Teilen zementiert, eine Fläche wurde sogar von Hand fachgerecht nachgeschliffen.

Analcim, Frombach – Seiser Alm. Gasser versah das Stück mit dem Prädikat „sehr gut“.

Almandin-Spessartin-Mischkristall vom Berylliumabbau in der Masulschlucht bei Meran. Durchmesser ca. 4.7 cm.

Die Granatvorkommen in Südtirol

Die faszinierende Welt dieses klassischen Tiroler "Edelsteins"

Der Geologe Volkmar Mair und der Konservator für Erdwissenschaften am Naturmuseum Südtirol, Benno Baumgarten, geben faszinierende Einblicke in Südtirols Welt der Granatvorkommen.

Granat ist ein häufiges Mineral, das in weiten Teilen Südtirols vorkommt. Doch ist allein das Vorkommen von Granat zuwenig, um von einer Fundstelle zu sprechen.

Von einer Fundstelle spricht der Sammler ja nur dann, wenn sich die Minerale eines Vorkommens deutlich von den üblichen Vorkommen unterscheiden – seiner Meinung nach – etwas ganz Besonderes sind. Hier nun einige alt bekannte und neue Fundstellen, von denen jede einzelne eine eigene Entstehungsgeschichte und besondere geologische Bildungsbedingungen aufweist, die sie von allen anderen Vorkommen unterscheidet.

Pyrope aus Granatperidotiten des Ultentales

Das Vorkommen der Granatperidotite und somit auch des Pyrops ist eng begrenzt auf den Gebirgskamm, der das Ultental vom Nonstal trennt und zwar auf den Bereich zwischen Ultner Hochwart im Nordosten und dem Klapfbergjoch im Südwesten. Eine Häufung dieser besonderen Gesteine gibt es zwischen der Ilmenspitze und dem Büchelberg im Bereich der Seefeldalm im Talschluß des Auerbergtales.

Die Gesteine, welche besagten Gebirgszug aufbauen, gehören zur so genannten Ulten-Zone, die im Norden von der Pejo-Linie, im Süden von der Rumo-Linie begrenzt wird. Die östliche wie auch die westliche Begrenzung sind unklar. Die Ulten-Zone ist gekennzeichnet durch hochmetamorphe, Granat und Disthen führende Paragneise und Migmatite. Eingelagert in diese Gesteine finden sich zumeist geringmächtige Linsen von ultramafischen Gesteinen – Peridotite und Lherzolithe. Die Pyrope finden sich ausschließlich in diesen sehr schweren, extrem harten und widerstandsfähigen Gesteinen.

Die Peridotite bilden hell grünliche, häufig ziegelgelb angewitterte, gelängte Körper und Linsen, die konkordant in die Nebengesteine eingelagert sind. Einige Peridotitlinsen sind geschiefert, andere haben ihre ursprüngliche körnige Textur erhalten und sind nur randlich deformiert. Auch der Erhaltungszustand der primären Paragenese ist unterschiedlich. Einige Körper zeigen noch die ursprünglich magmatische Paragenese mit Olivin, Orthopyroxen, Klinopyroxen ± Spinell ± Granat, andere sind bereits deutlich umgewandelt mit Neubildungen von Amphibol, Chlorit, Serpentin, Talk und Magnesit. Diese Umwandlungen bei relativ niedrigen Temperaturen werden der alpinen Metamorphose zugeschrieben.

Thermobarometrische Berechnungen von Morten & Obata (1983, 1987) ergaben Temperaturen von 1100°C bis 1300°C und Drücke von 22-30 kbar:

Das entspricht einer Entstehungstiefe für die Gesteine – und damit auch für die Granate – von 70-100 km! Diese Drücke und Temperaturen sind typisch für Gesteine des Erdmantels. Die Platznahme und Umkristallisation der Peridotite und Lherzolite ist sicherlich an Prozesse der variskischen Gebirgsbildung gebunden. Dafür sprechen die Altersdatierungen verschiedener Peridotitkörper mit ca. 330 bis 320 Mio. Jahren.
Granate kommen in allen Peridotitlinsen vor, wobei die rosafarbenen bis roten, seltener leicht violetten Körner im allgemeinen nur millimetergroß werden. Zumeist sind sie fein verteilt und verleihen dem hellgrün gelblichen Gestein einen rosa Schimmer. In einigen etwas gröberkörnigen Peridotitlinsen finden sich jedoch auch bis zu faustgroße Granatkörner, zusammen mit etwa zentimetergroßen dunkelgrünen Orthopyroxenen und Bronzit mit schillernden Spaltflächen.
Die leuchtend roten Granate zeigen zwar gerade Korngrenzen, lassen sich jedoch nicht unversehrt aus dem sehr zähen und harten Gestein herauspräparieren. Die Kristalle sind intensiv und einheitlich gefärbt und enthalten kaum Einschlüsse. Das wären ideale Voraussetzungen zum Verschleifen – die geringen Vorkommen und der weite Transport des Materials haben eine solche Verwendung bis jetzt jedoch verhindert.
Die Granate sind für solche Gesteine typische Pyrope mit erheblichem Almandin- und Grossularanteil. Trotz der makroskopisch eher unspektakulären Granate bleibt festzuhalten, dass es sich um die bis jetzt einzigen nachgewiesenen Pyrope in Südtirol handelt, die dazu noch aus Gesteinen des Erdmantels stammen.

Granate aus dem Pegmatit der Masulschlucht bei Meran

Die Fundstelle liegt in der Masulschlucht westlich von Verdins bei Meran, am Fuße des Ifinger. Bereits in den 30er Jahren des 20. Jahrhunderts wurde dieses Pegmatit-Vorkommen abgebaut und der gewonnene Muskovit, der in dezimetergroßen Kristallen auftritt, zu Isolationsmaterial (elektr. Strom) verarbeitet. Der Abbau, der später auf Beryll ging, hatte jedoch nur ein beschränktes Ausmaß und ebenso schnell, wie er begonnen hatte, war er wieder zu Ende.
Granate sind im Pegmatit der Masulschlucht – aber auch in anderen ähnlichen Pegmatitgängen – nicht sehr häufig und daher bei den Sammlern recht begehrt. Die Kristalle sind in Größen von wenigen mm bis zu 8 cm (!) anzutreffen, die Durchnittsgröße liegt etwa bei 1 bis 3 Zentimetern. Die Farbe schwankt von dunkel rotbraun bis schwarz, nur kleine Körner sind zuweilen rot gefärbt. Meist sind die Flächen matt und rau, oft mit feinem Muskovit überzogen, der den Flächen einen silbrigen Glanz verleiht.
Die Granatkristalle zeigen ausschließlich ikositetraedrische Tracht, wobei Kombinationen mit

Unten: Beryll von der Masulschlucht. Kristallhöhe 6.5 cm. Links: Turmalin und Muskovit von der Masulschlucht. Kristallhöhe 2.3 cm. (Sammlung Frei, Foto Mair).

dem immer rezessiv auftretenden Rhombendodekaeder häufig sind. Zwillingsbildungen und Verwachsungen sind oft zu beobachten. Charakteristisch für die Granate der Masul sind die verzerrten Kristalle. Als Ursache dieser Verzer-

rung ist sicherlich die Deformation der Gesteine während der alpidischen Metamorphose vor 80-100 Mio. Jahren anzunehmen, die auch für das Verbiegen und Zerreißen der Turmaline und Beryl-le verantwortlich gemacht werden kann.
Das Entstehungsalter dieser Pegmatitgänge und damit der Granate liegt jedoch zwischen 275 und 265 Millionen Jahren. Die chemische Zusammensetzung der Granate ist sehr einheitlich, ganz unabhängig von Farbe oder Größe der Kristalle. Es handelt sich um unzonierte Almandine mit sehr hohen Mangananteilen, so dass man durchaus von Almandin-Spessartin-Mischkristallen sprechen kann. Obwohl zum Verschleifen nicht geeignet, sind diese Granate in Sammlerkreisen sehr begehrt, da sie trotz allem dekorative Stufen bilden und zusammen mit Beryll eine wirklich seltene Paragenese ergeben, die es nirgendwo sonst im Tiroler Raum gibt.

Riesenkristalle aus dem Gebiet zwischen Granatkogel und Rauhjoch

Die Fundstellen für die sehr großen und begehrten Granate des Passeiertales sind allesamt über das Seebertal erreichbar, ein kleines Seitental, das südlich des Timmelsjoches nach Westen abzweigt. Die Granatkogel-Fundstelle befindet sich am Grat, der vom Granatkogel in das Seebertal hinabzieht, knapp unterhalb und westlich des Granatwandferners auf ca. 2600 m Seehöhe. Die Fundstelle Rauhjoch liegt am Grat, der vom Rauhjoch in nordöstliche Richtung in das Seebertal hineinzieht. Die bekannten Fundstellen auf österreichischem Territorium werden hier nicht berücksichtigt.
Während am Granatkogel eher kleinere, jedoch sehr gut ausgebildete Granate von intensiv roter Farbe gefunden werden, finden sich am Rauhjoch bis zu 10 cm große, in seltenen Fällen auch noch größere Einzelkristalle von dunkelroter bis braunroter Farbe.
Die Granate, welche aus den Fundstellen am Granatkogel und am Rauhjoch geborgen werden, unterscheiden sich nicht von den Abermillionen anderer Granatkörner, die in diesen Schiefern vorkommen. Die chemische Analyse der Granate zeigt, dass es sich um gemeine Almandine handelt. Sie sind also nur wegen ihres Riesenwuchses – immerhin sind bis zu 24 cm große Kristalle bekannt – und weil sie leicht aus dem Muttergestein herauspräpariert werden können, von mineralogischer und geologischer Bedeutung.

Die granatführenden Glimmerschiefer wurden besonders stark plastisch deformiert und werden daher als Mylonite bezeichnet. Gerade in diesen Mylonitzonen kommt es bevorzugt zu Größenwachstum der Granate. Dies kann mehrere Ursachen haben: zum einen gibt es in diesen Deformationszonen eine verstärkte Fluidzirkulation, die zu einer Anreicherung der zum Wachstum notwendigen Substanzen führt, zum anderen werden in diesen Zonen die Granate während ihres Wachstums stark gedreht und können so wie ein Schneeball, der über den Schnee gerollt wird, sehr rasch und sehr viel Substanz an sich binden. Manchmal wachsen die Granate nach der Deformation weiter und bilden idiomorphe Kristalle mit glatten, hochglänzenden Flächen aus. Dieser Fall trifft für die Granate beider Fundstellen glücklicherweise sehr oft zu, denn die Kristalle sind bekannt wegen ihrer gut ausgebildeten und glatten Flächen.

Granatabbau am Rauhjoch (Foto Mair).

und andere Erze auf. Trotz der Härte und Zähigkeit dieses Gesteins lösen sich die Granate erstaunlich gut von der Matrix, so dass ästhetisch schöne Stufen geborgen werden können. Die Granate sind nicht oder kaum zoniert und haben eine typische Almandin-Zusammensetzung.
Wo der Erzmineralanteil der Gangfazies mindestens die Hälfte des Gesteins ausmacht, kommen vor allem ikositetraedrische Granate vor. Es handelt sich hierbei um bis zu 4 cm große, idiomorphe Almandine von dunkelroter bis schwarzer Farbe mit gutausgebildeten, meist hochglänzenden Flächen. Typisch für diese Kristalle sind feine Striemungen auf den Flächen und Verwachsungen von mehreren Individuen. Die typische Paragenese dieser Granate besteht aus Bleiglanz, schwarzer Zinkblende und Tremolit; akzessorisch finden sich Kupferkies, Pyrrhotin, Arsenkies und andere Erzminerale. Die Ursache für den Wechsel in der Tracht der Granate, je nachdem, ob sie in erzarmer oder in erzreicher Paragenese vorkommen, ist unklar. Fest steht, dass sich die Granate chemisch nicht voneinander unterscheiden.
Almandine in Quarzgängen und Knauern: Auf den Halden des Bergbaus, aber auch im anstehenden Fels über- und untertage finden sich große Quarzknauern und Gänge, die gespickt sind mit roten oder schwarzen Granaten. Solche Gänge und Knauern sind späte Bildungen aus Lösungen, die während der Metamorphose gebildet und freigesetzt wurden und bei der Abkühlung in Faltenkernen und in Rissen und Klüften auskristallisierten. Das Entstehungsalter der Knauern und Gänge und damit der Granate entspricht also einem Abkühlalter der alpidischen Metamorphose: rund 80 Millionen Jahre.
Die Größe der Granate liegt zwischen wenigen mm und etwa 4 cm. Sie haben ikositetraedrische Tracht, wobei die Flächen oft verzerrt oder gebogen sind; auch ovale Körner oder Agglomerationen vieler kleiner Granate zu himbeerenartigen Gebilden sind nicht selten. Die chemische Untersuchung der Granate zeigt, dass die Granate völlig homogene und unzonierte Almandine sind.
Gelbe Granate aus niedrigthermalen Lösungen: Ihre Bildung ist ausschließlich an jene Erzpartien gebunden, in denen Karbonate – vor allem Siderit und Ankerit – als Gangart auftreten. Die typische Paragenese besteht aus Zinkblende, Magnetit, Kupferkies, Pyrrhotin und Meneghinit, deren Zwischenräume von weißem bis grauem, grobkörnigen Calcit gebildet werden. Der Granat bedeckt als pulveriger Belag die Erzminerale und isoliert sie gegen den Calcit, tritt aber auch in Form kleiner Kluftfüllungen und nur sehr selten als Kristalle in den Zwickeln zwischen den Erzen auf. Die Entstehung des Granats dürfte mit späten, sauerstoffreichen Lösungen zusammenhängen, welche das zur Andraditbildung notwendige Calcium, Eisen und andere Metalle aus den Erzen und den Karbonaten der Gangart mobilisierten.
Die Mikrosondenanalyse jener Proben, die dem Autor zur Verfügung standen, ergaben immer nahezu reinen Andradit.
In dieser typisch metasomatischen Paragenese konnte neben Andradit und Diopsid auch das Mineral Romeit in seiner eisenreichen Varietät Schneebergit nachgewiesen werden.
Der Schneebergit ist ein komplex gebautes Calcium-Eisen-Antimonoxid aus der Pyrochlorgruppe mit der allgemeinen chemischen Formel

Granate aus dem Quarzgang am Himmelreichsgrat östlich der Schneebergerhütte. Typisch sind die Flächenkombination von Ikositetraeder und Rhombendodekaeder, sowie die feine Striemung auf den Flächen. Durchmesser des oberen Kristalls ca. 5 mm (Sammlung und Foto Mair).

$(Ca,Fe,Mn,Na)_2(Sb,Ti)_2O_6(O,OH,F)$. Er zeigt gutausgebildete honiggelbe, nur submillimetrische Oktaederchen, die meist direkt auf den Erzen Zinkblende, Kupferkies oder Magnetit sitzen. Häufig sind sie auch als Einkristalle im grobspätigen Calcit eingeschlossen. Es handelt sich um einen sehr reinen Romeit mit Eisengehalten von ca. 7%, der im Sinne des Erstautors Brezina (1880) als Schneebergit bezeichnet werden muß. Die Analyse verschiedener Proben ergab, dass die Zusammensetzung der Kristalle nahezu immer die gleiche ist. Lediglich der Fluorgehalt schwankt merklich, sogar innerhalb ein und desselben Mineralkorns.
Eine Verwechslung von Andradit mit dem Schneebergit ist – obwohl sie zusammen vorkommen – eigentlich ausgeschlossen. Die Minerale unterscheiden sich deutlich durch Kristallform und Farbe.

Pseudomorphose von Chlorit nach Granat. Durchmesser des Kristalls ca. 2 mm (Sammlung Rose, Foto Mair). Die Fundstelle hinter dem Haus: Blick von Süden auf die Sterzinger Hütte und die große Blockhalde dahinter, wo die Granate und Zirkone gefunden werden (Foto Baumgarten).

Die berühmte Granat- und Zirkonfundstelle Burgum (Wildkreuzjoch)

Die unter Mineraliensammlern berühmte Granat- und Zirkon-Fundstelle befindet sich im hintersten Burgumtal. Sie liegt im wahrsten Sinne des Wortes gleich hinter dem Haus, nämlich keine 50 m hinter der Sterzingerhütte in 2.344 m Höhe.
Das Burgumer Granat-Vorkommen ist strikt an Serpentinite in ophiolitischen Gesteinen der oberen Schieferhülle im Penninikum des Tauernfensters gebunden.
Granat kommt in zwei ganz verschiedenen Paragenesen vor, die durch unterschiedliche Prozesse entstanden sind. Zum einen bildet er massige Gänge, Linsen und Flasern im Serpentinit, zum anderen kleidet er in kleinen idiomorphen Kristallen die zahlreichen Risse und alpinotypen Klüfte im Gestein aus.
Die feinkörnigen und extrem harten Gänge und Adern durchziehen die Serpentinite mit einer Mächtigkeit zwischen wenigen Millimetern und 25 cm. Es handelt sich um Rodingitgänge im weitesten Sinne. Die Farbe des zähen, manchmal auch splittrigen Materials wechselt zwischen lauchgrün-gelblich und orange-rötlich. Charakteristisch sind fleckige oder schlierige Farbverteilungen oder feine Äderungen, so dass es manchmal an Jade erinnert. Es läßt sich in recht großen Stücken bergen und – geschnitten und poliert – sogar zu kunsthandwerklichen Gegenständen verarbeiten. Dünnschliff und Mikrosondenuntersuchungen belegen, dass es sich um ein äußerst feinkörniges Gemenge von Granat und Vesuvian handelt; möglicherweise ist auch Hydrogrossular beteiligt.
Bei den Klüften im Serpentinit handelt es sich um „alpine“ Zerr- und Scherklüfte, auch wenn sie meist nur wenige Zentimeter breit sind und kaum mehr als 1–5 mm Wandabstand aufweisen. Zumeist sind sie vollständig mit Calcit verfüllt und

Danksagung:
Dieser Bericht ist eine Zusammenfassung der Dokumentation „Chemisch-mineralogisch-genetische Charakterisierung der Granate aller historischen und neuen Fundstellen Südtirols“, entstanden in einer Zusammenarbeit des Naturmuseums Südtirol mit dem Institut für Mineralogie und Petrographie der Universität Innsbruck. Für die wissenschaftliche und finanzielle Unterstützung dieser Institutionen sei besonders gedankt.

Typische Paragenese in den Serpentinitklüften der Burgumalpe: Granat (orange), Vesuvian (hellgelb), Chlorit (dunkelgrün) Diopsid (heller Untergrund und zwei stengelige Kristalle auf Granat aufgewachsen). Durchmesser des größeren Kristalls ca. 3 mm (Sammlung NMS, Foto Baumgarten).

geben ihre „Kleinodien" im wahrsten Sinne des Wortes erst nach einer Ätzung mit Säure frei. Die Minerale, welche von dieser Fundstelle stammen, sind daher kaum größer als einige mm, wenn auch alte Stufen bekannt sind, auf denen „Riesengranate" von über 2 cm Durchmesser und bis zu 4 cm lange Diopsidkristalle sitzen.

Die Kluftparagenese ist durch relativ wenige Minerale charakterisiert, die immer zu finden sind. Daneben gibt es solche, die häufig vorkommen, und solche, die nur selten oder sehr selten anzutreffen sind. Immer anzutreffen sind: Granat, Chlorit (Klinochlor, Pennin), Vesuvian, Diopsid; Calcit als Hohlraumfüllung; häufig anzutreffen sind: Klinozoisit/Epidot, Titanit, Apatit, Zirkon, Magnetit; selten sind: Perowskit, Ilmenit, Rutil, Albit, Stilbit; absolut selten ist Zirkonolith. Nicht gesichert ist Allanit („Bucklandit") und „Euklas" ist wohl eine Fehlbestimmung von Zirkon (pers. Mitt. von St. Weiß, 5/2002).

Die Granatkristalle sind in diesen Klüften exzellent ausgebildet, wobei verschiedene Trachten vorkommen. Häufig sind sehr flächenreiche Kombinationen von Rhombendodekaeder und Ikositetraeder, aber auch die Grundformen kommen vor. Zumeist sind die Flächen hochglänzend und vor allem die kleineren Granate sind wasserklar durchsichtig. Größere Kristalle sind zumeist undurchsichtig matt, oft mit korrodierten Flächen. Dass die Granate von der Burgumalpe in den verschiedensten Farben vorkommen, ist bereits hinlänglich bekannt. Das Spektrum reicht von nahezu farblos über sämtliche Gelb-, Grün- und Brauntöne bis zu Schwarz. Nach der systematischen chemischen Analyse verschiedenster Farbvarietäten kann man fast alle Granate der Burgumalpe ruhigen Gewissens als Andradit bezeichnen. Ähnliches hatte im übrigen schon Folie (1993) festgestellt. Die Verwendung von einigen Varietätsbezeichnungen scheint berechtigt, weil sie korrekt auf das jeweilige Glied passen. So gibt es tatsächlich leuchtende, dunkel-orangerote Granate mit einem Grossular/Andradit-Verhältnis von etwa 60:40, die per Definition korrekt als Hessonite bezeichnet werden können. Die Bezeichnung „Topazolith" für leuchtend gelbe Andradite trifft sicherlich auf über 90% der leuchtend gelben Kristalle zu, doch gibt es auch Grossulare mit exakt demselben Farbton.

Die Burgumer Alpe ist nicht nur für ihre Granate und einmaligen Zirkonkristalle bekannt, sondern auch für ungewöhnliche Pseudomorphosen. So wurden des öfteren Pseudomorphosen von Ilmenit nach Titanit und von Ilmenit nach Perowskit gefunden. Probenmaterial, das von Hannes Rose zur Verfügung gestellt wurde, zeigt auffällige hellgrüne Rhombendodekaeder, die eine eigentümlich körnige Oberflächenstruktur aufweisen. Eine Untersuchung der Probe ergab Chlorit: Dies dürfte die erste eindeutig bestimmte Pseudomorphose von Chlorit nach Granat von dieser Fundstelle sein – mit weiteren Überraschungen ist demnach wohl noch zu rechnen.

Hellgelbe Grandite (Grossular-Andradit-Mischkristalle) von der Burgumalpe, Pfitschtal. Durchmesser des linken Granats ca. 2 mm (Sammlung und Foto Mair).

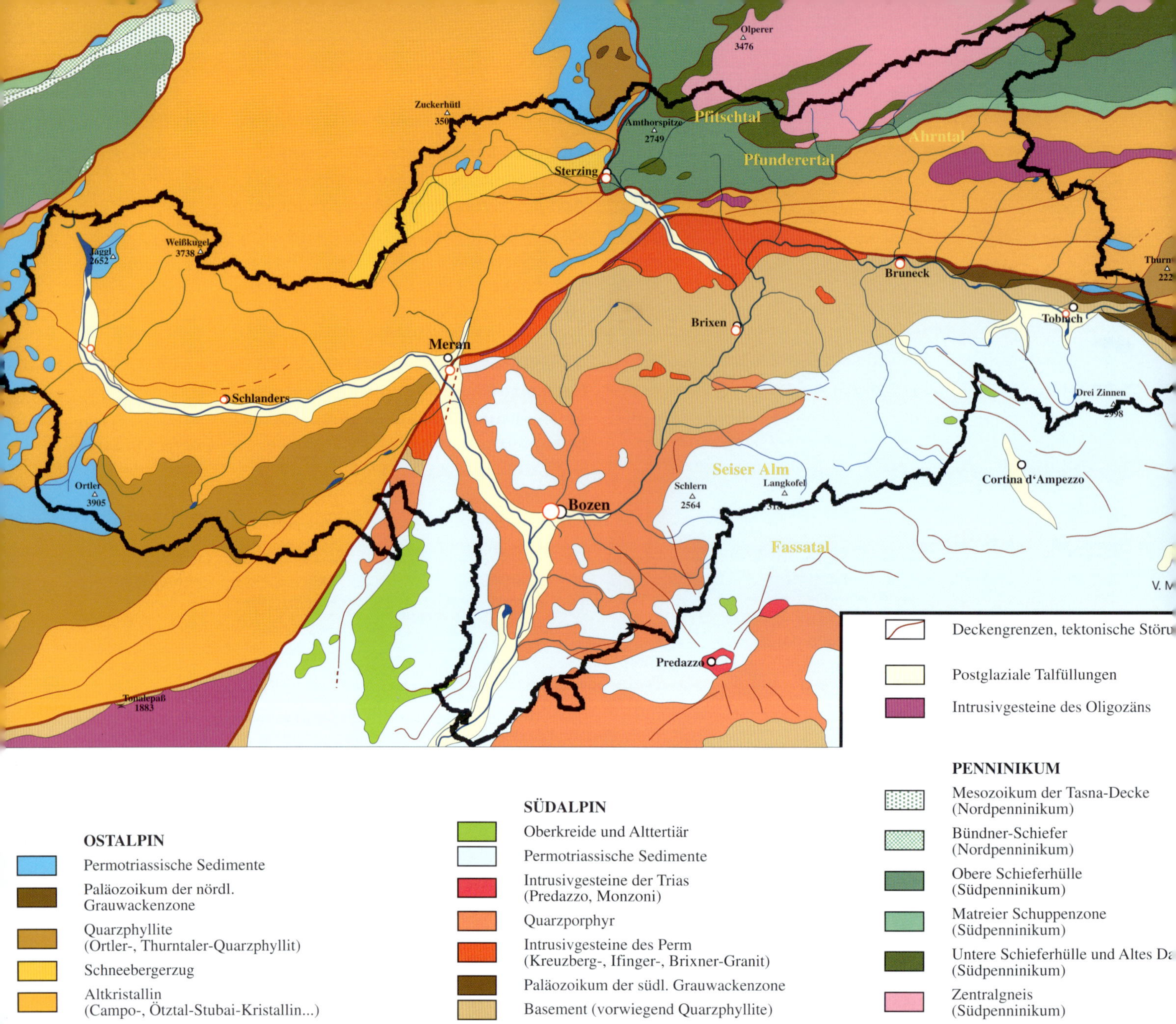

Vereinfachte geologische Karte von Südtirol (Volkmar Mair).

Südtirols alpine Zerrklüfte

Zauberwelt und Mineralienvielfalt vom Pfitschtal bis zur Rötspitze

Reinhard Dallinger, Professor für Zoologie an der Universität Innsbruck, Mineraliensammler, beschäftigt sich seit Jahren mit der Geschichte des Sammelns und mit Mineralien des Alpenraumes.

Überaus reich an interessanten und mitunter ästhetisch besonders ansprechenden Mineralien ist die weitläufige Region der von Norden her bis weit nach Südtirol hineinziehenden Gebirgszüge des Tauernfensters. Als Tauernfenster wird jener Gesteinsverband des Ostalpenraumes bezeichnet, der geographisch im wesentlichen die hohen Tauern und Teile der Radstädter Tauern, sowie im Westen die Zillertaler und Tuxer Alpen umfasst. Auf Südtiroler Gebiet treten die Gesteine des Tauernfensters mit ihren Mineralklüften entlang der italienischen Staatsgrenze vom Brennerpass nach Osten fortschreitend bis zum Talabschluss des Ahrntales zutage. Geographisch umfassen sie im wesentlichen das bei Sterzing in das Eisacktal mündende Pfitschtal, das von Norden in das Pustertal austretende Pfunderertal, die oberen Abschnitte des Mühlwäldertales (Lappacher Tal), sowie die nördlichen Zuflüsse und den oberen Verlauf des Ahrntales. Seit der umfassenden Beschreibung der Mineralvorkommen Tirols durch den Heimat- und Naturforscher Georg Gasser sind die Berge Südtirols vor allem während der Jahrzehnte von 1950 bis heute von zahlreichen Sammlern und Strahlern systematisch durchkämmt und abgesucht worden, sodass wir heute in der Lage sind, den bereits durch Gasser beschriebenen Vorkommen zahlreiche Neuentdeckungen und bedeutende Fundorte hinzuzufügen.

Die vielfältige Mineralienwelt des Pfitschtals

Im Südtiroler Pfitschtal liegen zweifellos einige der kluftreichsten Fundgebiete des südlichen Alpenhauptkammes. Es erstreckt sich von Sterzing aus etwa 20 km in nord-östlicher Richtung bis zu den Gipfeln der Tuxer und Zillertaler Alpen. Abgesehen vom mineralogisch äußerst interessanten und der Paragenese nach eigenständigen Vorkommen von Kluftmineralien auf der Burgumer Alpe in einem kleinen, von Osten herabziehenden Seitental bietet das Pfitschtal vor allem in seinem oberen Verlauf zahlreiche Vorkommen alpiner Kluftmineralisationen.

Im nördlichen Teil des Talabschlusses, etwa entlang der Linie vom Wolfendorn bis zum Pfitscherjoch, prägen vor allem die Gipfel und Südabhänge der Tuxer Alpen die alpine Landschaft. In den dort zutage tretenden Gneisen finden sich teils charakteristische und örtlich begrenzte, schon lange bekannte Kluftmineralisationen, zum Teil aber auch im felsigen Gelände weit verstreut liegende Klüfte, deren Auffinden nur mit Ausdauer und Erfahrung gelingt. Zu den ersteren gehört zweifellos das wohlbekannte Vorkommen kleiner, durch Eisenoxide zumeist gelblich bis bräunlich verfärbter, vielfach rasenbildend aufgewachsener Bergkristalle in Begleitung pustel- bis sternförmiger, perlmuttartig schillernder Pyrophyllit-Aggregate, wie sie in den steilen Runsen und Blockhalden an den Südost-Flanken des Wolfendorns gefunden werden können. Es handelt sich dabei um Abbruchmaterial, das offenbar aus Klüften stammt, die in den darüber aufragenden, steilen Felsabstürzen anstehen. Die Kombination aus Bergkristallen mit Pyrophyllit – übrigens einem der Talkgruppe zugeordneten Mineral – ist für alpine Paragenesen in dieser Qualität ungewöhnlich und ergibt mitunter ansprechende, wenn auch zumeist kleinere Stufen. Nach Nordosten zu schließen sich an den Wolfendorn die Gipfel des Kraxentrager, des Kluppen und der Hohen Wandspitze an. Ihre südlichen Steilabhänge sind am besten vom Landshuter Höhenweg aus erreichbar, der sich vom Pfitscherjoch aus zu deren Füßen als langgezogenes Band bis zur Landshuter Hütte dahinschlängelt. Es handelt sich bei diesem Gebiet um eine weitläufige Fundregion mit nur vereinzelt anstehenden Klüften, aus denen mitunter jedoch schöne und typische alpine Mineralstufen geborgen werden können. Quarz in Form von Rauchquarz oder Bergkristall ist in diesen Klüften zumeist der Hauptvertreter unter den Mineralien. Häufige Begleiter der Quarzkristalle sind blockiger Adular, kleine, farblose, mitunter diamantglänzende Apatitkristalle, bräunlich-matte Calcit-Rhomboeder, Muskovit, Chlorit und zuweilen kleine glänzende, gelblichgrüne Sphenkristalle. Seltener auftretende Begleiter sind Vertreter der Zeolithmineralien, wie etwa Skolezit. In Einzelfällen wurden auch Stufen mit kleinen, aber schönen Hämatitkristallen in Form von Eisenrosen gefunden. Sehr begehrt sind – vor allem im Bereich Kluppen und an den sogenannten Wasserfallköpfen – selten vorkommende

Fluoritoktaeder auf Calcit. Hochwand, Pfitsch. Kantenlänge ca. 2.5 cm. (Sammlung Schranzhofer, Foto Mair).

Fluoritkristalle in Form rosaroter bis violetter oder grünlicher, mitunter auch zweifarbiger, oberflächlich zumeist rau-matter oder gefurchter Oktaeder, die in Ausnahmefällen 10 cm Größe erreichen können. In der Regel sind die Fluoritkristalle dieser Klüfte nicht auf Stufen aufgewachsen (obwohl auch solche geborgen werden konnten), sondern liegen lose im Chloritsand und sind zudem oftmals durch Witterungseinflüsse beschädigt.

Vom Pfitscherjoch aus in nordwestlicher Richtung ist auch noch das Stampflkees mit seinem ausgedehnten Kar am Fuß der Sagwand-Spitze und des Schrammacher-Gipfels gut erreichbar – ein Fundgebiet, das allerdings jenseits der italienischen Staatsgrenze und damit auf Nordtiroler Boden liegt. Unterhalb des Stampflkees-Gletschers finden sich, verstreut im vielfach von aplitischen Gängen durchsetzten Gneis, kleine Klüfte und Taschen, aus

Sphen auf Bergkristall. Griesferner, Pfitsch. Kristallhöhe ca. 1 cm. Magnetitoktaeder. Pfitscher Joch. Kantenlänge ca. 5 mm. (Sammlung Frei, Fotos Mair).

denen neben Rauchquarz, Adular, Apatit, Muskovit und Calcit auch seltenere Mineralien wie Synchisit oder Euxenit-(Y) – aus den nördlichen Felsabbrüchen der Hohen Wand – sowie Monazit geborgen werden können. Im oberen Drittel des Stampflkees-Kars verläuft in nord-nordöstlicher Richtung über eine Länge von einigen Dutzenden Metern eine mineralisierte Gangspalte, in deren Hohlräumen auf Rasen kleinster Quarzkristalle bis zu 2 cm große, lindgrüne Fluorit-Oktaeder aufgewachsen sind. Sie sind allerdings zumeist von einer Kruste kleinster, grau-weißer Quarzkristalle überwachsen. Schließlich liegt im Bereich dieser Fundregion auch der Schrammacher-Gipfel, den man vom Pfitscherjoch aus in einem längeren Fußmarsch und nach Überquerung des Stampflkees erreichen kann. Einige der besten bisher bekannten Mineralstufen aus Klüften am Schrammacher finden sich in Südtiroler Sammlungen. Dazu zählt zweifellos eine große Stufe mit bis zu 5 cm großen Adularkristallen, auf denen ein etwa 6 cm großer, tafeliger, hellvioletter Apatitkristall aufgewachsen ist. Die Stufe ist gegenwärtig im Besitz des Naturmuseums Südtirol. Ebenfalls vom Schrammacher stammt eine Stufe mit Adular- und Periklinkristallen, auf denen ein etwa 6 cm großer, rosafarbener, oktaedrischer Fluorit-Kristall sitzt. Darüber hinaus sind aus Klüften am Schrammacher zahlreiche, schöne Rauchquarzstufen geborgen worden.

Aus Klüften in der näheren Umgebung des Pfitscherjochs konnten gelegentlich ebenfalls interessante Kluftmineralien geborgen werden. Zumeist kleinere Klüfte mit Adular, Quarzkristallen, Ankerit und Zeolithmineralien (z.B. Chabasit) finden sich in nördlicher Richtung wenig oberhalb der kleinen Pfitscherjoch-Seen, während in den Felsrippen, die vom Pfitscherjochhaus in das Pfitschertal hinabstreichen, gelegentlich Quarzspalten zutage treten, in denen vereinzelt auch schon Amethystkristalle gefunden wurden.

Vom Pfitscherjoch aus in östlicher Richtung verläuft der Aufstiegsweg zur Rotbachlspitze, deren westliche und südliche Flanken mitunter Klüfte freigegeben haben, in denen neben großen Bergkristallen und Rauchquarzen auch Periklin, Calcit, Pyrit, Hämatit, Ilmenit, Apatit, Anatas, Brookit und Rutil vorkommen. Große Bergkristalle sind mitunter in Form von Phantomquarzen ausgebildet oder zeigen in ihrem Inneren Einschlüsse von Rutil oder Anatas. Sphenfunde werden von den Ostabhängen und vom Nordwestgrat der Rotbachlspitze erwähnt. Ein Fund, der auf das vorige Jahrhundert zurückgeht und wahrscheinlich aus den südlichen Abhängen der Rotbachlspitze oberhalb der Oberbergalm stammt, zeigt bis zu 8 cm lange und daumendicke, der Längsachse nach stark geriefte, braunrote Rutilkristalle, die auf einem Rasen cm-großer, gelblichweißer Periklinkristalle aufgewachsen sind. Viele bedeutende Museen und manche Privatsammlungen besitzen davon ansehn-

Skelettquarz vom Gliedergang, Pfitsch. Kristallhöhe ca. 5.5 cm. (Sammlung Gartner, Foto Mair).

liche Stufen, wovon die schönsten wahrscheinlich im Naturhistorischen Museum in Wien zu bewundern sind. Ebenfalls vom Pfitscherjoch aus in ein bis zwei Stunden Gehzeit erreichbar ist – am Fuß der Rotbachlspitze vorbei – die Haupentalscharte. Direkt auf deren Kamm, sowie an den nördlichen und südlichen Abhängen unterhalb der Scharte finden sich in schmalen Klüften des anstehenden Biotit-Hornblendeschiefers schöne, wenn auch zumeist nur einige mm große, schwarze bis braunrote, auch gelbe, zumeist hochglänzende Anataskristalle. Sie sind auf Rasen kleiner, zumeist stark chloritisierter Periklin- oder Adularkristalle aufgewachsen. Neben Anatas können an dieser Fundstelle auch kleine tafelige, orangefarbene Brookitkristalle, sowie Rutil in Form kleiner, schwarzer, mitunter gitterförmig verwachsener Kristalle gefunden werden. Begleiter sind zudem meistens kleine, aber schöne Bergkristalle. Letztere sind in seltenen Fällen als Japanerzwillinge entwickelt. Die südlichen Abhänge der Haupentalscharte fallen in das südöstlich des Pfitscherjoches gelegene Oberbergtal hinab, das sich bis an den Fuß des Hochferners und der Griesscharte hinaufzieht und dort den Pfitscher Talabschluß bildet. Von der Griesscharte stammen Apatitkristalle, die dort zusammen mit Bergkristallen, Periklin und Rutil gefunden werden können.
Eines der interessantesten Fundgebiete für alpine Kluftmineralien nicht nur des Pfitschertales, sondern des gesamten Ostalpenraumes ist das am Fuß des Gliderferners (oder „Gliederferner“) entspringende Unterbergtal mit seinen Fundorten Gamsstetten, Unterbergalm, Blauer Kofel und Glidergang (vielfach auch als „Gliedergang“ bezeichnet). Das ganze Gebiet liegt in Chlorit-haltigen Amphiboliten und weist im Vergleich zu anderen Fundregionen des Pfitschertales eine besonders hohe Kluftdichte auf. Von hier stammen Bergkristallstufen, die mit zu den schönsten des Ostalpenraumes zählen. Besonders im Bereich des Gliderganges und an dessen seitlichen, steil abfallenden Felsflanken finden sich zahlreiche, zumeist besonders schwer zugängliche Klüfte, in denen Bergkristalle aufgewachsen sind, deren Basis durch Chloriteinschluss dunkelgrün gefärbt erscheint, und die zu den Kristallspitzen hin glasklar transparent werden. Als Begleitmineralien können Periklinkristalle, Calcit, Siderit, Rutil, Pyrit, Sphen, Prehnit, Stilbit oder Laumontit auftreten, die zusammen mit den Bergkristallen ästhetisch hervorragende Stufen bilden. Zuweilen sind die oftmals dünn und langprismatisch entwickelten Bergkristalle völlig mit einer sandigen, dunkelgrünen Chloritschicht bedeckt und werden dann von den einheimischen Sammlern als „Tuifelen“ (Teufelchen) bezeichnet. Es sei in diesem Zusammenhang darauf hingewiesen, dass im gesamten Bereich des Gliederganges ein Sammelverbot besteht. Im Bereich der Obergalm und an den seitlichen Abhängen beiderseits des Unterbergbaches bis hin zum Gliedergang wurden darüber hinaus aus großen Klüften bis zu 40 cm lange Bergkristalle mit Zepter- und Phantombildungen geborgen. Einmalig geblieben sind bisher Funde von Bergkristallstufen mit aufgewachsenen Japanerzwillingen. Der als Begleitmi-

Aquamarinkristalle vom Griesferner, Pfitsch. Bildbreite ca. 1 cm. (Sammlung Schranzhofer, Foto Mair).

neral auftretende Rutil kann hier als sogenannter Sagenit in flächigen, gitterartigen Verwachsungen auftreten, die begleitende Bergkristalle nicht selten in ihrem Wachstum behindert haben und diese zumeist schrägflächig durchschneiden. Mineralogisch besonders interessant sind Stufen mit Pseudomorphosen aus feinfaserigem Rutil nach tafeligen Sphenkristallen. Ähnliche, wenn auch zumeist bescheidenere Funde wie im Gliedergang wurden aus Klüften eines eng begrenzten Bereiches im sogenannten Filtuidental unterhalb der Gamsstetten bekannt.
In den Felsrippen und Moränen des Gliederferners, an dem der Gliederbach entspringt, wurden aus verstreuten Klüften im Zentralgneis Stufen mit Bergkristallen und Apatit geborgen. Schließlich fanden sich hinter dem Gliedergang beiderseits des Wanderpfades, der von der Unterbergalm aus bis zum Hochfeiler führt, Klüfte mit aufgewachsenen Bergkristallen in Begleitung von Periklin, Adular, Calcit und Chlorit. Vom Hochfeiler stammen Bergkristall, Adular und Apatit.
Südwestlich des Unterbergtales münden in das Pfitschertal kleinere Seitentäler, die von den Gipfelregionen des Roten Beils, der Felbespitze, der Grabspitze und der Sandjochspitze herabziehen. In all diesen kurzen, aber steilen Seitentälern können Kluftmineralien gefunden werden. Aus den Gipfelregionen der Grabspitze stammen beispielsweise Stufen mit Periklinkristallen, Calcit, Laumontit und Prehnit, auf denen mitunter kleine Quarzkristalle in Form von Japanerzwillingen aufgewachsen sind. Auch Stufen mit Sphenkristallen sind von hier bekannt geworden. Aus Gesteinsklüften des Großbergtales stammen Stufen mit Bergkristallen, Periklin- und Adularkristallen, sowie Calcit, Sphen, Rutil und Pyrit.

Die einsame Welt des Pfunderertals

Das Pfunderertal mündet von Norden her bei Niedervintl in das Pustertal. Es zieht sich etwa 15 km weit bis zu den nach Süden abfallenden Gipfeln der Zillertaler Alpen hinauf. Beim Weiler Dun (auf manchen Karten auch als „Dan“ oder „Daan“ bezeichnet) teilt sich das Tal: Dessen nordwestlicher Ausläufer zieht über das Weitenbergtal bis an die südlichen Abhänge der Grabspitze, der Felbespitze und des Roten Beils, während ein kleines Seitental des Weitenbergtales, das sogenannte Engbergtal, bis an den Fuß des Engberges hinaufzieht. Auf der anderen Seite zweigt von Dun aus nach Nordosten das Eisbruggertal ab, das am Gschirrn vorbei bis zum Eisbruggsee und an den Fuß der Unteren Weißzintscharte ansteigt. Beim Weiler Dun, insbesondere auf dem Gelände eines ehemaligen Steinbruchs und in der nahe gelegenen Dun-Schlucht fanden sich vereinzelt riesige Serpentinitfindlinge, in deren schmalen Spalten und Klüften zuweilen bis zu 5 mm große, quaderförmige, orangebraune, mitunter hochglänzende Perowskitkristalle aufgewachsen sind. Als Begleitmineralien treten bis zu 1 cm große, metallisch schwarze Magnetitkristalle, sowie Klinochlor, Ilmenit und Diopsid auf.
Direkt nördlich von Dun liegt zu Füssen der Weißwandspitze die Sente-Alm, in deren Umgebung Bergkristalle mit Chlorit, Periklin und Rutil gefunden werden können. Nordwestlich davon erhebt sich die Fassnachtspitze, an deren Abhängen Klüfte mit großen Bergkristallen, zum Teil mit Chloriteinschluss, in Begleitung von Rutilkristallen, Periklin und Pyrit entdeckt wurden. Aus dieser Fundregion bisher wohl einmalig geblieben sind bräunlich oxidierte, bis zu 5 cm große, oktaedrische Pyritkristalle. Diese sind zum Teil auf Stufen mit Periklin, Chlorit und Quarz aufgewachsen, zum Teil bilden sie größere, allseits begrenzte Schwimmerstufen miteinander verwachsener Oktaeder.
Von Dun aus in nordwestlicher Richtung, am Fuß der Fassnachtspitze vorbei, führt das Weitenbergtal, in das nach etwa drei Kilometern von Nordosten herabziehend das kurze Engbergtal mündet. In den steilen Runsen und Abbrüchen oberhalb des Engberg-Talbodens finden sich, insbesondere im Gebiet nördlich der Fassnachtspitze, Klüfte mit Bergkristallen, Chlorit, Periklin und Calcit, in denen zuweilen auch große, braunrote Rutilkristalle aufgewachsen sind. Hier wurde im sogenannten „Rutilgraben“ aus einer Kluft einer der größten Rutilkristalle des Alpenraumes geborgen. Es handelt sich dabei um einen etwa 7 x 5 cm großen, braunroten, stark gerieften Kristall, der auf einer Matrix aus Periklinkristallen aufgewachsen ist. Darüberhinaus werden in diesem Gebiet hin und wieder auch Stufen mit Periklin, Pyrit und Sphenkristallen gefunden. Folgt man an der Mündung des Engbergtales vorbei dem Weitenbergbach weiter taleinwärts, so gelangt man in ein von Almwiesen und Felswänden umsäumtes Kar, in dessen Mitte die Weitenbergalm liegt. In den Felsrippen im südlichen und südwestlichen Bereich der Weitenbergalm können oftmals angewitterte und verstürzte Quarzklüfte aufgefunden werden, aus denen zumeist Bergkristalle mit mehr oder weniger Chlorit in Begleitung von Periklin und Calcit geborgen werden können. Als seltenere Begleitmine-

Burg lieferten Stufen mit Bergkristall, cm-großen Apatiten, Rutil und Muskovit sowie Sulfid-Mineralien wie Galenit, Chalkopyrit und Pyrrhotin. Aus den nordöstlichen Abhängen der Burg stammen braun-grünlich durchscheinende, bis zu 3 cm lange Kluft-Turmaline. Besonders kluftreich ist das nach Südosten abzweigende Windtal mit seinen seitlichen Steilabhängen im Südwesten, wo auf und knapp unterhalb der sogenannten Tagewaide riesige Bergkristalle, aber auch Stufen mit Adular, Chlorit, Danburit, Sphen, Calcit und Periklin, sowie durchscheinende, cm-große Datolithkristalle gefunden wurden. Auch jüngere Funde mit cm-großen Danburitkristallen auf Adular und bis über 5 cm langen Milariten stammen offenbar – wenngleich ohne präzisere Fundortangabe – aus dem obersten Abschnitt des Windtales. Auf einer der Milaritstufen wurde in jüngster Zeit als zusätzliches Begleitmineral auch ein Aggregat bis zu 7 mm große Bavenitkristalle entdeckt. Aus den nordöstlichen Steilabhängen des Windtales (Wiesplatte, Gerra) stammen Funde mit Amethyst-Zepterkristallen, darüber hinaus wunderschöne Stufen mit strahligen Schörl-Aggregaten auf schneeweißem Periklin. Aus diesem Gebiet stammt auch ein etwa 7 mm großer, einzelner Euklaskristall, der lose im Chloritsand einer Kluft lag. Am östlichen Talabschluß des Windtales, im Bereich des Rosshufes und des Hinteren Umbaltörls, wurden schöne Bergkristallstufen gefunden, und angeblich soll vom Rosshuf auch ein anderer, schon vor langer Zeit gefundener Euklaskristall stammen. Südlich vom Windtal zweigt als weiteres Seitental des Ahrntales das kurze Röttal ab, das, an Sattelspitze und Reinhart vorbei, bis an die Abbrüche der Rötspitze führt. Von der Sattelspitze stammen Bergkristallstufen mit Rutil, Periklin, Axinit, Apatit, Pyrrhotin und Muskovit. Ein exzellenter Fund an den südlichen Abhängen der Sattelspitze brachte herrliche Stufen mit bis über 2 cm großen, grünen Sphenkristallen zutage. Von der Merbalm und der Merbspitze stammen Stufen mit teils durch Malachit grün verfärbten Bornitkristallen. Begleiter dieser seltenen alpinen Bornitkristalle sind dort mitunter Calcit, Sphen und Hämatit. Im Pippergerwald bei St. Peter im Ahrntal wurden Klüfte in Quarzgängen geöffnet, aus denen riesige und klare Bergkristallstufen in Begleitung von Chalkopyrit, Pyrit, Bornit und Calcit geborgen wurden. Schließlich wurden, um diese lange Fundortliste abzuschließen, am Lutterkopf südöstlich von St. Jakob im Ahrntal wunderschön schimmernde Blauquarzstufen entdeckt.

Es bleibt zu hoffen, dass trotz der inzwischen vielerorts erfolgten Einschränkungen zu ungunsten der Mineraliensammler und Strahler die Suche nach verborgenen Schätzen der Berge weiterhin eine Beschäftigung für Menschen bleiben kann, für die das Auffinden und die Faszination von Kristallstufen eine wesentliche Bereicherung ihrer Lebensqualität bedeuten. Die Entdeckung neuer Mineralien nützt aber letztlich auch der systematischen Erfassung und Bewahrung von Naturschönheiten. Voraussetzung dafür ist allerdings der sorgsame Umgang mit unserer Landschaft. Das muß vielfach noch gelernt werden. Die Schönheit der Südtiroler Bergwelt liefert dazu die beste Kulisse.

Im Banne der Zirkone

Die klassische Fundstelle von Burgum

Arthur Gartner schrieb ein interessantes Buch über „Die Mineralien von Burgum“

Eine der berühmtesten Mineralienfundstellen von Südtirol befindet sich im Pfitschtal, einem Seitental von Sterzing. Es handelt sich um die bekannteste Fundstelle für Zirkone im Alpenraum. Bereits im 19. Jahrhundert war sie bekannt unter den Namen „Wildkreuzjoch“ bei der Burgumer Alm. Ab Anfang des 20. Jahrhunderts begann man diese Fundstelle, ausschließlich unter Mineraliensammlern, mit Burgum zu definieren. Man entdeckte nämlich, dass es ein „Wildkreuzjoch“ gar nicht gab. Dieses existierte weder auf Landkarten noch war es bei den Einheimischen bekannt. Was hat diese Fundstelle Besonderes an sich, um so bekannt, ja sogar berühmt zu sein? An die vierzig verschiedene Mineralien gibt es auf Burgum, teilweise sind sie sehr selten. Es kommen vor, um nur einige zu nennen: Xenotim, Monazit, Perowskit, Rutil, Illmenit und Magnetit sowie Apatit, Epidot und Vesuvian. Etwas ganz Besonderes sind die Granate mit ihrer eindrucksvollen Farbpalette, welche von Gelb bis Rot, von Grün über Braun bis Schwarz reicht. Schon allein dies wäre Grund genug, Burgum für etwas ganz Besonderes zu halten. Es gibt aber noch ein Mineral, welches alle anderen übertrumpft: es handelt sich um den seltenen Zirkon, der durch seinen Diamantglanz und seine Transparenz besticht.

Ein ganz besonderes Mineral

Nirgendwo im Alpenraum gibt es so perfekte Zirkone. Auch was die Größe anbelangt, kann sich keine andere Fundstelle mit jener von Burgum messen. Mit Recht wird dieser Zirkon auch der „Tiroler Diamant“ genannt. Schon sehr früh fand der Burgumer Zirkon Eingang in die Museen der Welt, sowie in Universitäten und Privatsammlungen. Der Burgumer Zirkon ist nicht nur schön und selten, er strahlt etwas Faszinierendes, in die Tiefe Gehendes, ja sogar Mystisches aus. Der Siegeszug dieser Raritäten aus Burgum begann vermutlich gegen Endes des 18. Jahrhunderts, höchstwahrscheinlich schon früher. Die erste schriftliche Dokumentation stammt aus dem Museum Joanneum in Graz. Erzherzog Johann kaufte 1842 die Sammlung des k.k. Bergrates Mathias Mielichhofer, die eine beachtliche Menge Burgumer Minerale und viele Zirkone enthielt. Eine Vielzahl von Etiketten und Zettelkataloge der noch immer erhaltenen Kartei beweisen dies.
Der Erzherzog vermachte diese Sammlung anschließend dem Joanneum.
Ausführlich beschreibt im Jahr 1859 Victor Ritter von Zepharovich den Zirkon vom „Wildkreuzjoch“ in seinem Werk *„Mineralogisches Lexikon für das Kaisertum Österreich“*.
Eine ganze Seite hingegen widmete 1913 Georg Gasser in seinem Buch *„Die Mineralien Tirols“* dem Zirkon aus Burgum. Gasser nennt als Erstbeschreiber dieser Fundstelle den Mineralogen Franz von Kobell im Jahr 1845. Eine wahre Laudatio widmet Gasser dann am Ende seiner Aus-

Bild oben: Hyazinth, eine Zirkonvarietät von Burgum (Größe des Kristalles 4,5 x 4,5 mm. Sammlung Gartner, Foto Volkmar Mair. Rechts: Ein seltenes Fotodokument: Max Obermüller mit einem Alpenstock bei einer Strahlertour (um 1930).

Foto oben links: Ein sensationelles Stück! Aus einem alten Fund um 1760 stammt dieser 4,5 mm große farblose Zirkon aus Burgum. Sammlung Christian Weise, Foto Stefan Weiß. Oben rechts: Grossular und Andradit. Foto Benno Baumgarten.

Unten links: Xenotim 5,5 mm. Foto Volkmar Mair, beide Sammlung Gartner. Unten rechts: roter Zirkon 2 mm, Sammlung Christian Weise, Foto Stefan Weiß.

führungen dem Zirkon aus Burgum. Er schreibt: *„Mit dem Diamant hat der farblose Zirkon, wenn er geschliffen würde, in der Tat einige Ähnlichkeit und er würde es wenigstens in Bezug auf Seltenheit verdienen, mit ihm als Tiroler Diamant in eine Reihe gestellt zu werden*“.

Der Tiroler Diamant

Nun taucht die berechtigte Frage auf, wie die Zirkone schon vor über 150 Jahren den Weg in die Museen fanden. Wer hat wohl den ersten Zirkon oberhalb der Burgumer Alm gefunden? Die letztere Frage wird sich kaum beantworten lassen. Die erste Frage hingegen kann man mit ziemlicher Sicherheit rekonstruieren.
Es wird wohl ein Ahne des bekannten Mineraliensammlers Max Obermüller aus Kematen im Pfitschtal gewesen sein. Vermutlich hat schon der Großvater Mineralien gesammelt und gehandelt. Er war nämlich bekannt als Bergführer, Heilpraktiker und Mineraliensammler. „Pfunderer-Wurzele-Hansele“ nannten ihn die Bewohner seines Dorfes. Sein Sohn Johann, der Vater von Max, war ebenfalls Mineraliensammler und übertrug die Leidenschaft wieder auf seinen Sohn weiter. Max Obermüller – geboren 1903, gestorben 1975 – wurde zum absoluten Pionier und Fachmann der Pfitscher Mineralienwelt, insbesondere der Mineralien von Burgum mit seinen „Diamanten“. Von ihm aus gingen die Zirkone in alle Welt. Als Kleinbauer mit fünf Kindern war er gezwungen, sich durch den Verkauf von Mineralien seinen kargen Lebensunterhalt aufzufrischen. Er belieferte Sammler, Händler und Museen.
Max Obermüller erlangte Ansehen weit über sein Dorf hinaus, eignete er sich im Laufe der Zeit doch ein großes mineralogisches Wissen an und erreichte als Autodidakt einen staunenswerten Bildungsstand. Viele Bewohner des Tales erblickten in ihm einen „Schriftgelehrten“ und dies nicht zu unrecht. Die Obermüllers und die Mineralien, besonders jene von Burgum und dem gesamten Pfitschtal, werden unzertrennlich verbunden bleiben und so in die Geschichte eingehen.

Michael Wachtler bewegt sich auf den Spuren jener Kristallsucher-Originale, die – halb Wissenschaftler, halb Jäger – auf ihrem kleinen Spezialgebiet Geschichte schreiben.

Die Amethyste und ihr Hirte

Die klassischen Stellen vom Tristenspitz und Schwarzenbach

Johann Kirchler aus Weißenbach beim Betrachten einer besonders schönen Amethyststufe, die er als Hirte am Tristenspitz gesammelt hatte.

Sein Leben lang war Johann Kirchler aus Weißenbach, einem Seitental des Ahrntales, Hirte. Genauer gesagt Hirte, Jäger und Amethystsucher. Die Tristenalm, wo er seine Tiere unter Kontrolle halten mußte, gilt als das klassische Fundgebiet dekorativer Amethystkristalle und so war es naheliegend, dass es ihn zu den nicht weit entfernten Fundgebieten hintrieb, um seiner Leidenschaft zu frönen. Im Stillen sammelte Kirchler innerhalb dieser kleinen ertragreichen Fundstelle im Zentralgneis, wo der Großteil der Klüfte durch die Erosion verrutscht und übereinander geschoben wurde, und es nur selten gelingt, zum anstehenden Felsen vorzustoßen. Viele dieser typischen Quarzplatten wurden durch die Natur zerstört, nur in seltenen Fällen des Glücks kommen einige perfekte Amethyststufen zutage. Dazu liegt die Fundstelle noch innerhalb der Waldgrenze, so dass die Vegetation vielfach die Felsen überwuchert. Aber Johann Kirchler hatte ja Zeit. Jahrzehntelang konnte er suchen. Er sah die Zeiten, als dutzende Sammler diese Stelle belagerten und er erlebte das Jahr, als die Fundstelle aufgrund seiner Nähe zu den Almen und den rüden Abbaumethoden von Amts wegen für die Mineraliensammler gesperrt wurde. Doch in all diesen Jahren gelang es ihm immer wieder, besondere Prunkstücke zu bergen. Seine Sammlung in Weißenbach besteht einzig und allein aus liebevoll angeordneten Amethystkristallen, allesamt von dieser einen Fundstelle, und aus seinen im gleichen Raum ausgestellten Jagdtrophäen: Füchse, Gemsen, Rehe, Murmeltiere.

Der Zauber der Amethyste

Wie violette Bonbons ziehen sich die in zweiter Generation gebildeten Amethystkristalle treppenartig über das Muttergestein hinauf oder sitzen als Zepterkristalle auf leicht rauchigen Kristallen.
Zwei wichtige Amethystfundstellen finden sich am Südtiroler Hauptalpenkamm: Der Tristenspitz und der nahe gelegene Schwarzenbach. Einzelne Klüfte fanden sich dazu noch im Windtal. Aber jene vom Tristenspitz wurden zu den bekanntesten und berühmtesten Südtirols. Und Johann Kirchler wurde zum ungekrönten König dieser ästhetisch wunderbaren Stufen.
Weißenbach, das kleine Dorf unterhalb der Dreitausender ist immer noch ein abgeschiedenes Tal – nur selten verirren sich die Touristen und Wanderer hierher. Aber Johann Kirchler sammelte ja nicht für die anderen. Er tat es für sich. Als Jäger und Sammler. Hoch oben auf seiner Alm. Der Tristenalm, wo Südtirols beste Amethyste gefunden werden.

Die Amethystkristalle vom Tristenspitz bestechen durch ihren ästhetisch schönen Aufbau.

Wenn die Haare zu Berge stehen

Beim Byssolith scheint die Natur verrückt zu spielen

Johann Künig beim Präparieren seiner Byssolith- und Chrysotilstufen. Bis die eigenartige Pracht dieser Stufen zutage kommt, ist einiges an Geduldübung erforderlich.

Hier konnte sich der Volksmund austoben, die Fantasie mit ihren eigenen Namen, fernab wissenschaftlicher Nomenklaturen sich bewegen. Manchmal werden in den Grüngesteinen und den Serpentiniten Gebilde gefunden, die an von Wind und Wetter gegerbte Lederreste erinnern. Als „Bergleder“ gingen sie in die Geschichte ein. Die äußerst zarten Fäserchen sind so ineinander verfilzt, dass sie sich nur mit Mühe zerreißen lassen. Dann wieder zeigen sich hauchdünne Schleier, die als „Bergschleier“ mineralogisch definiert wurden, um manchmal als „Bergholz“ sogar die Strukturen vermoderten Holzes nachzuahmen. „Bergkork“ und „Bergflachs“ sind gleichfalls Variationen des Minerals Serpentin. Auch Chrysotil, grünlich schillernd, parallelfaserig und leicht verwebbar, fällt in diese die Sammler so magisch anziehende Gruppe. Der Serpentin tritt in vielfachen Übergangsformen auf und bildet in Form von Asbest den Grundstoff für nicht brennbare Gewebe. Ähnlich, aber vom Chemismus etwas aus der Reihe tanzend, fand dagegen die faserige Hornblende als Byssolith Eingang in die Mineralogie. So darf nicht verwundern, dass gerade diese Mineralien zu begehrten Sammlerobjekten wurden.

Sonderbare Spiele der Natur

Als erstes wurden um 1960 die Vorkommen von Epidot und Byssolith im Gebiet der Zösenalm gekannt. Zuhauf warf man in den Anfangsjahren den die Klüfte ausfüllenden Byssolith in den Abraum, um zu den begehrten, auf Matrix sitzenden Epidotkristallen zu kommen. Eine zweite Knappenwand war der Traum und endete doch alsbald, da außer einigen wenigen Klüften die Fundstelle doch nicht so ergiebig war. Zuvor aber fand man eine Riesenkluft – wie eine Schatzhöhle – vollgestopft mit herrlichem Byssolith und Epidot. Als „Brixner Loch“

ging diese Stelle in die Geschichte ein, konnten doch zwei Personen im Innern bequem diese Kluft ausbeuten. An manchen Sonntagen beuteten an die zwanzig Personen die Klüfte rund um die Serpentinschiefer der Zösenalm aus. Dann, wohl aufgrund des zähen Felsens und mangelnder Funderlebnisse, ebbte der Zuzug alsbald ab und man bereute es, eine Unzahl herrlicher Byssolithstufen so leichtfertig über den Hang hinuntergeworfen zu haben.

Byssolithe wie Gamsbärte

Die Sternstunde des Johann Künig aus Sankt Peter im Ahrntal kam an jenem Tag um 1980, als er gemeinsam mit Siegfried Hofer im Windtal in der Nähe der Gletscherregionen eine Fundstelle mit Byssolith entdeckte. Von da an sollte ihn dieses Mineral faszinieren und zu neuen Ufern aufbrechen lassen. Mühsam schleppte er die von den Unbilden der Natur platt gedrückten und zerzausten Byssolithgruppen ins Tal, um in tagelanger Arbeit jedes einzelne Haar so zurechtzuzupfen, bis sie den unter Jägern so hoch begehrten Gamsbärten glichen. Sie wurden zum Stolz seiner Sammlung, an ihnen hing er besonders, und wie ein Figaro begann er – Mineralogie in seiner höchsten Vollendung erstrebend – damit, seinen Kunstwerken noch eigene Frisurmuster aufzuzwängen. Im Wind wogen nun die Gebilde als mineralogische Sehenswürdigkeiten hin und her. Und so als könnte Gott an den Künsten des Johann Künig mit Freude teilhaben, ließ er ihn überraschenderweise bei einem Gang zu den steil aufragenden Felsen hinter seinem abgelegenen Bauernhaus eine neue Fundstelle finden, diesmal mit Chrysotil. Und von neuem begann nun Johann Künig dieses ästhetisch noch faszinierendere Mineral zu bearbeiten. Und wie die Haare des Johann Künig im Laufe der Jahre zu ergrauen begannen, schienen sich nun auch seine fein gezupften und präparierten Haargebilde aus Chrysotil dem anzupassen. Weiß wie der Schnee zeigten sich die Haare des Johann Künig gleich wie der Chrysotil. Und stolz zeigt der Kristallsucher den Interessierten seine Sammlung, mit den vielen Byssolithwuschelköpfen und den Chrysotilbärten und erklärt allen, welcher Arbeitsaufwand notwendig ist, dieses Mineral so zu präparieren, dass seine verborgene Schönheit in nie gekannten Nuancen erstrahlen kann.

Siegfried Hofer, Jäger und Mineraliensammler, präsentiert einen schönen Bergkristall aus dem Ahrntal.

Die Teufel vom Gliedergang

Sonderbare Bergkristalle erregen Staunen

Sie sind nicht schön, aber sie sind interessant. Ihre eigenartigen Formen haben seit Jahrzehnten die Menschen fasziniert und ihre Fantasie spielen lassen. In den undenkbarsten und sonderbarsten Formen des Mineralienreiches finden sie sich in den Klüften des Gliederganges im Pfitschtal und zieren mit tausend Namen die Sammlungen der Kristallsucher. Diese „Teufel" haben sicher nicht wegen ihrer Schönheit Geschichte geschrieben. Als Kreuze, Kanonen, Labyrinthe, Zahnstocher gingen sie in die Geschichte ein, als krummflächig, gebogen, windschief, verdreht, parallel verwachsen, trichterförmig, gehackt, zersägt werden sie von den Sammlern beschrieben und führen die wissenschaftliche Denkweise der Mineralogen so ad absurdum, als hätte es die strengen Gesetze der Kristallkunde nie gegeben. In den Klüften der Grüngesteine des Gliederganges – einem Seitental des Pfitschtales – kommen sie in einer engen Schlucht zusammen mit Periklin, manchen Zeolithmineralien, Calcit und Rutil vor und haben dazu geführt, dass diese „Via Mala" der Kristallsucher Berühmtheit erlangte. Generationen von Sammlern pilgerten so lange in diese leicht erreichbare Schlucht und hackten die spärliche Vegetation von den blanken Felsen oder pendelten mit Seilen über die Abhänge, bis der Gliedergang von Amts wegen gesperrt wurde, damit nicht die weiter unten dahingehenden Wanderer von den herabfallenden Steinen getroffen wurden. Da aber waren die besten Zeiten dieser „Teufel" schon vorbei. Zu viele Klüfte hatte man geöffnet, zu oft stritten sich die Kristallsucher um die verdrehtesten und eigentümlichsten, durch Einbindung von viel Chlorit kohlschwarz gefärbten Bergkristalle.

SPHEN (3 CM) VOM SATTELSPITZ,
SAMMLUNG MICHAEL WACHTLER.

SPHENAGGREGAT MIT DEKORATIV AUFSITZENDEM BERGKRISTALL.
SATTELSPITZ, SAMMLUNG KIRCHLER.

SPHEN (5 CM) AUS DEM RÖTTAL,
SAMMLUNG RUDL INNERBICHLER.

Das Mineralienmuseum Kirchler

Der Hüter der großen Kristalle

Sepp Kirchler gehört zu den letzten großen Mäzenen. Innerhalb einer Generation hat er sich eines der sehenswertesten Museen über alpine Mineralien aufgebaut.

Josef Kirchler aus St. Johann im Ahrntal ist öffentlichkeitsscheu. Zeit seines Lebens ging er auf Kristallsuche und trotzdem existieren nur ein, zwei Fotos von ihm. Er ist wortkarg, wie viele in diesem Tal. Aber er ist eine Legende. Er hat gesammelt, er hat getauscht und gekauft. Bis er eines Tages beschloß, sein Mineralienmuseum zu bauen. Ganz allein auf sich gestellt und ohne Hilfe der öffentlichen Hand begann er, sich seinen Lebenstraum zu erfüllen. Es wurde ein Riesenmuseum mit den schönsten Kristallen der Ostalpen. Er war nie ein Freund von Kleinmineralien, aber sein Museum birgt die Höhepunkte, die die Natur in den Hohen Tauern geschaffen hat. Auch jene der „Kleinmineralien“ – Hauptsache sie waren groß genug, um Aufsehen zu erregen! Die größten Milarite aus dem Windtal im hintersten Ahrntal, 8 cm lang; Danburite bis 2 cm, Euklas mit 1 cm, dazu die schönsten und größten Sphene der Alpen. Jedes Stück ist ein Prachtexemplar und erzählt Geschichte. Hier, in diesem Museum, findet man auf einen Punkt vereint die Qualen und Leiden, die Freude und die Triumphe der Sammler. Jeder Bergkristall, jeder Sphen, jeder Adular und Apatit erzählt Sammelgeschichte. Zu den großen Kristallsuchern pilgerte „der Kirchler“ und wählte mit Kennerblick die beste Stufe aus. Die großen Mineraliensammler der Ostalpen sind hier wie im Gruppenbild vereint. Die Apatite der Innerbichler, die Sphene der Walder, vom Moser und vom Kandutsch. Die Großkristalle des Künig, jene der Hellweger und Plankensteiner. Rastlos suchte auch er in seiner Heimat, dem Ahrntal. In der Tageweide im Windtal fand er die Kluft seines Lebens: bis zu 167 kg schwere, ästhetisch schöne Bergkristalle. Er schuftete sie hinunter, diese Spitzen und Gruppen und baute eine

EINE NACHGEBAUTE KLUFT.

DER RIESENFUND DES JOHANN KÜNIG „EBNER“.

eigene Vitrine nur für diesen Großfund. Eine andere Kluft, die Geschichte schrieb, von Johann Künig „Ebner“ gefunden, die mit die größten Bergkristalle der Alpen enthielt, kaufte er in Bausch und Bogen mitsamt dem Rucksack und stellte sie offen aus. Mit dem Foto dieses Bauern, wie er stolz vor seinem Fund posiert. So reiht sich Kristall an Kristall im Mineralienmuseum Kirchler, an die 750 Exponate, eines schöner als das andere. Nach welchem Kriterium hat er sie in den teuer gezimmerten Vitrinen ausgestellt? Josef Kirchler erklärt, nicht nach Tal, nicht nach Mineral, einzig und allein nach Schönheit. Ich lasse mir diese Sätze durch den Kopf gehen. Warum nicht nach Tal, oder einfach die schönsten Sphene, die schönsten Fluorite in eine Vitrine? Der Kirchler hat recht: Nur so ist jede Vitrine ein Höhepunkt, nur so kann man die Faszination „Schätze der Alpen“ genießen. Das Museum ist keine Notlösung, wie viele andere. Es ist mit Ehrgeiz und Hang zur Perfektion gemacht. Die Vitrinen sind vom Feinsten, der Boden und die Gläser glänzen, die Kristalle genauso, wie frisch geputzt. Ein Bus gleichzeitig soll darin Platz haben, wahrscheinlich bietet das Museum Platz für zwei. Ein faszinierender Bergkristall bewegt sich um einen Drehteller im Kreis. Dahinter ein Foto. Es zeigt einen Bauern vor einem baufälligen Holzhaus, wie er stolz diesen Kristall auf seinem Schoß hält. Es ist der Kofler Josef, der Zither Sepp. Wie sie ihn alle kennen. Dieser Bergkristall, dieses mit 27 cm wohl größte Gwindel der Alpen, war sein ganzer Stolz. Vergebens kämpfte der Kirchler darum, dieses Prachtstück sein eigen nennen zu können. Jahrzehntelang rückte der „Zither Sepp“ diesen Kristall, dieses ein und alles für ihn, nicht heraus. Es sei seine Erbschaft, mehr wert als seine Heimat. Im Prettauer Kupferbergwerk hatte er im Jahr 1967 eine große Kluft angeschossen. Zu dritt waren sie, und stritten sich wie Räuber um den Fund. Am Ende gehörte der Kristall dem „Zither Sepp“. Mochte seine kärgliche Bauernhütte über seinem Kopf fast zusammenfallen, die Lawinen an seinem Haus herunterdonnern, innen drin verwahrte er sein Heiligstes, das legendäre Gwindel. Niemand durfte es herausnehmen, nur anschauen sollten es die aus nah und fern herbeipilgernden Interessierten. Der „Zither-Sepp“ wurde achtzig und noch mehr. Und immer noch pilgerte der Kirchler nach Kasern ins hinterste Ahrntal zu seinem Namenskollegen. Dann, eines Tages wurde der Zither-Sepp weich. Das Alter hatte ihn weise gemacht. Sollte er doch erleben können, wie seine Kinder sich über das Erbteil freuten. Der Handel wurde eingefädelt. Der Kirchler durfte endlich sein letztes großes fehlendes Stück, eines das wirklich Kristallsuchergeschichte schrieb, mit nach Hause nehmen.

DAS MINERALIENMUSEUM KIRCHLER.

EINES DER WENIGEN FOTOS VON SEPP KIRCHLER.

BERGKRISTALL, VAR. BLAUQUARZ (40 X 20 CM)
PIPPERGWALD.

STRONTIANIT (15 X 10 CM) – ST. PETER, AHRNTAL.

SKOLEZIT MIT CHABASIT (BILDBREITE 10 X 6 CM) - PRETTAU
FINDER SEPP KIRCHLER

PYRIT MIT SAGENIT (4 X 3 CM).
WINDTAL.

*BERGKRISTALL MIT PHANTOM (8 X 4 CM)
RÖTTAL, AUS DER GROSSEN KRISTALLKLUFT.*

*EINE DER GRÖßTEN MILARITSTUFEN DER ALPEN (8 CM)
WINDTAL, AHRNTAL.*

Kostbarkeiten aus dem Mineralienmuseum Kirchler

*AMETHYST (15 X 10 CM) – SCHWARZENBACH, AHRNTAL.
FINDER MOLLING, VOLGGER.*

*BORNIT MIT SPHEN, BILDAUSSCHNITT
8 X 7 CM. MERBJOCH, AHRNTAL.*

Ein Glückspilz namens Dolomieu

Ein Mineral gibt einem Gebirge seinen Namen

Dèodat de Dolomieu als Vierzigjähriger 1789 in Rom, porträtiert durch die Schweizer Malerin Angelica Kauffmann. Es ist das einzige überlieferte Bild des französischen Entdeckers.

Michael Wachtler versucht das Phänomen Dolomieu zu erklären.

Jahrhunderte lang galten die Dolomiten als weißer Fleck auf der Landkarte. Das Gebirge, das durch seine magische Schönheit besticht, war unbekanntes Land. Nicht einmal einen Namen hatte man sich ausgedacht, und was blieb, das waren Gedanken an die Sagenwelt. Die Bevölkerung selbst hatte alle Hände voll zu tun, um den immer wieder auf sie hereinbrechenden Naturgewalten einigermaßen zu trotzen, und die Fremden eilten meisten schnell hindurch und würdigten die Berge kaum eines Blickes.

Mitte 1789 reist ein französischer Adeliger mit dem hochtrabenden Titel Dieudonné-Silvain-Guy-Tancrède de Gratet de Dolomieu, geboren am 23. Juni 1750 im französischen Ort Dolomieu, mit seinem Schüler Fleuriau de Bellevue durch Tirol. An verschiedenen Stellen, schon in der Nähe des Brenners, sowie aufgelagert auf dem Porphyr zwischen Bozen und Trient, finden sie eine merkwürdige Gesteinsart, welche dem Kalk vollkommen gleichsieht, beim Beträufeln mit Salzsäure aber nicht aufbraust. Neugierig geworden, lässt Dolomieu seinem Freund Saussure – Sohn des berühmten Zweitbesteigers des Montblanc, Horace Bènédict de Saussure – insgesamt zwölf Proben dieses eigenartigen Allerweltsgesteins zukommen. Sofort erkennt Nicolas de Saussure die Gunst der Stunde. Es ist ein neues Mineral, bis jetzt noch niemand aufgefallen, und bildet im Land Tirol unzählige Berge. „*Tyrolensis*" schlägt ein begeisterter und bescheidener Dolomieu vorerst vor, geht aber davon ab, als er erkennt, dass das neu entdeckte Gestein nicht nur in Tirol anzutreffen ist. Im gleichen Atemzug schlägt er den Namen „*Saussurit*" zu Ehren des Vaters von Nicolas de Saussure vor. Doch Saussure ist noch bescheidener. Im März 1792 erscheint im „Journal de Physique" ein Artikel Saussures unter dem Titel „*Analyse de la Dolomie*", welcher indirekt die Namensgebung vorwegnimmt. Der Name gefällt, er beginnt sich durchzusetzen. Dolomieu höchstpersönlich wendet diese neue Bezeichnung mit großem Stolz an. Er empfindet ihn als Wiedergutmachung für sein Leben in einem Tal der Tränen und Leiden. Der unglückliche Ausgang eines Duells hatte ihn schon in jugendlichen Jahren ins Gefängnis gebracht. Er wird zu lebenslanger Haft verurteilt, und nur durch die Beziehungen seiner Freunde sowie von Papst Klemens XIII. nach wenigen Monaten aus dem Kerker entlassen. Früh verfällt Dolomieu naturwissenschaftlichen Interessen. Mit 26 Jahren durchstreift er halb Europa, begeistert sich für die Bergwerke der Bretagne ebenso wie für die Basaltgebiete Portugals. Dann fasziniert ihn wieder der Vulkanismus in Süditalien. 1784 ist er in Kalabrien, um die Folgen des Erdbebens zu studieren, anschließend erlebt er den Ausbruch des Ätna. Die Forschungen des Autodidakten, welcher auch in mondänen sowie politischen Kreisen seinen Einfluss geltend macht, tragen ihm die Mitgliedschaft im „*Institut de France*" ein, der berühmten französischen Akademie. Mit dem Aufstieg von Napoleon Bonaparte wird auch er zu einem glühenden Verehrer. 1798 nimmt er mit Napolèon Bonaparte am Ägyptenfeldzug teil, was sich alsbald als schwerwiegender Fehler erweisen wird. Er ist einer der Beauftragten, welcher auf Malta an den dortigen Kapitulationsverhand-

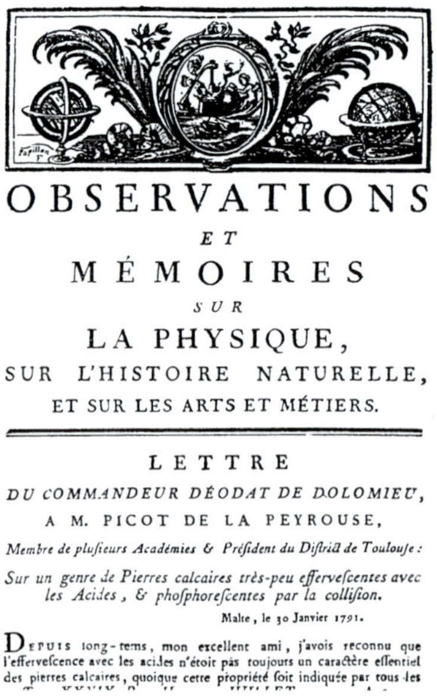

OBSERVATIONS

ET

MÉMOIRES

SUR

LA PHYSIQUE,

SUR L'HISTOIRE NATURELLE,

ET SUR LES ARTS ET MÉTIERS.

LETTRE

DU COMMANDEUR DÉODAT DE DOLOMIEU,

A M. PICOT DE LA PEYROUSE,

Membre de plusieurs Académies & Président du District de Toulouse:

Sur un genre de Pierres calcaires très-peu effervescentes avec les Acides, & phosphorescentes par la collision.

Malte, le 30 Janvier 1791.

Depuis long-tems, mon excellent ami, j'avois reconnu que l'effervescence avec les acides n'étoit pas toujours un caractère essentiel des pierres calcaires, quoique cette propriété soit indiquée par tous les

Dolomieus im Juli 1791 veröffentlichter Brief über eine neue Kalksteinart.

Die Drei Zinnen, das Wahrzeichen der Dolomiten im Morgenrot. Die Dolomiten erhielten den Namen durch ein Mineral.

lungen teilnehmen soll. Doch bei der Rückreise erleidet er bei Tarent Schiffbruch. Er wird gefangen genommen und in Sizilien zur Rache für längere Zeit unter unmenschlichen Bedingungen im Gefängnis gehalten. Nach dem Sieg von Marengo setzt sich Napoleon für den Gefangenen ein, und er erwirkt auch umgehend seine Freilassung. Trotzdem: Dolomieus Wille ist gebrochen. Als kranker Mann kommt er 1801 wieder frei, gerade Zeit genug, um vor seinem Tod noch eine letzte Alpenreise unternehmen zu können. Am 16. November 1801 stirbt Dolomieu, 51-jährig. Dass Triumph und Tragik eng miteinander verbunden sind, beweist das Schicksal von Giovanni Arduino. Einige Jahre vor Dolomieus Entdeckung erscheint 1779 in Venedig ein dünnes Büchlein mit dem Titel *„Osservazioni chimiche sopra alcuni fossili“* (Chemische Beobachtungen einiger Gesteine). Autor ist der aus Verona stammende Geologe Giovanni Arduino. Dort beschreibt er in einer kurzen Abhandlung ein in den Dolomitgesteinen der Vicentinischen Berge in der Nähe von Schio gefundenes Mineral. Arduino behandelt die Proben mit Schwefelsäure und fertigt verschiedene Analysen an. Die Eigenschaften dieser *„Marmorart“* weisen eindeutig auf Dolomit hin, trotzdem widmet er seiner Entdeckung keine Aufmerksamkeit und findet es nicht einmal für notwendig, diesem eigenartigen Gestein einen Namen zu geben. So geht Giovanni Arduino zwar als hoch geehrter *„Vater der italienischen Geologie“* in die Geschichte ein, die Anerkennung als Entdecker des Dolomits bleibt ihm jedoch versagt.

Vorerst hatte das Mineral wenigstens einen Namen erhalten: Dolomit. Doch die Berge blieben immer noch namenlos. Bis in den Jahren 1861 bis 1863 die beiden wohlhabenden Engländer Josiah Gilbert und George Cheetham Churchill durch die Gegend reisen. Begeistert starren sie auf diese hoch aufragenden Türme, geblendet sind sie von den sich stets wechselnden Farben dieser Felsentürme. Sie veröffentlichen ein Buch: *„The Dolomite Mountains“*. Der Name des Minerals wird zum Namen des Gebirges: Die Dolomiten. Man wettert dagegen, schimpft, und trotzdem setzt sich die Bezeichnung durch.

Sattelförmige kleine Dolomitkristalle, wie man sie typisch in den Dolomiten findet. Sammlung Tone Rizzi, Bildbreite 10 cm. Foto Martin Schönegger.

Eine Form von vulkanischen Ablagerungen im Meer stellen die Hyaloklastite dar, wie sie besonders schön im Durontal bei den „Frati" (Mönchen) zum Vorschein kommen.

"...verdankt die Mineralogie viel dem Eifer der Mineralienhändler aus Fassa!" (1821)

Die mineralogische Fachwelt ist in Aufruhr. Die eigenartigen Schichtverhältnisse rund um Pedrazzo lassen Wissenschaftler aller Herren Länder dorthin pilgern, um den Einsturz eines Gedankengebäudes zu erleben. Jubeln können nun jene, wie der schottische Wissenschaftler James Hutton, die daran glaubten, dass die Erde in einem steten Wandel begriffen sei, wobei immer wieder aus den Schlünden der Tiefe vulkanische Magmen aufsteigen und in die bestehenden Gesteinsschichten eindringen. Verlierer sind die großen deutschen Naturgelehrten. Nichts hilft es Alexander von Humboldt oder Leopold von Buch, dass sie sich die Gegend um Canzoccoli noch genauer unter die Lupe nehmen. Sie müssen anerkennen, dass sie einer Irrlehre aufgesessen sind. Am 30. September 1822 quartiert sich der berühmteste Naturwissenschaftler seiner Zeit, Alexander von Humboldt, bei Michele Giacomelli in der „*Nave d'Oro*", dem Gasthaus „*Zum Golden Schiff*" ein. Wahrscheinlich wird er damals auch schon so von Mineraliensammlern umzingelt, wie es im Jahr 1843 der mineralogisch interessierte Berliner Reisende Alexander Petzhold in seiner „*Geognosie von Tyrol*" treffend beschreibt: „*...indem wir von großen und kleinen, männlichen und weiblichen Mineralienhändlern umlagert wurden...*"

Die Sammlung von Alfons Moroder in St. Ulrich in Gröden. Das Tal der Holzschnitzer spiegelt sich auch in der Sammlung wieder.

Tone Rizzi aus Vigo im Fassatal. Als berühmter und hoch dekorierter Bergführer ging er in die Geschichte ein. Den Traum vom eigenen Mineralienmuseum erfüllte er sich mit einigen Sammlerkollegen.

Die Suche nach Mineralien hat im Fassatal Tradition wie kaum in einem anderen Gebiet der Alpen. Schon im Sommer 1820 staunt der in Jena wirkende Professor Christian Keferstein über die rege Sammeltätigkeit des Mineralienhändlers Locatini in Vigo: „*Unablässig durchsucht er oft die unwirtlichsten Gegenden jenes steilen Gebirges, um etwas Neues zu entdecken.*" Dankend erwähnt er in seinem 1821 erschienenen Monumentalwerk „*Teutschland*" den „*... Eifer der Mineralienhändler aus Fassa..... Welchem wissenschaftlich Reisenden ist es möglich, alle die entlegenen Thäler und hohen Gebirgsspitzen zu erklimmen, wie es diejenigen tun, die nun allein mit dem Mineralienhandel beschäftigt sind*". Ein armes Bergbauernvolk entdeckt die Mineralogie. Sie reisen nach London, wie eben Locatini, um dort ihre Schätze zu versilbern, man rühmt den „*außerordentlichen Vorrath in den vortrefflichsten Exemplaren*" des Landrichters Savoy. In Vigo ist es der bekannte Wirt Antonio Rizzi, der sich über den Leichtsinn des großen Naturforschers Leopold von Buch ereifert, der „*über die schlechten Steine das schöne Geld so unbeachtet liegen*" lasse. Würden doch die Goldstücke in seinem Zimmer immer unverschlossen herumliegen. Eine Aufbruchsstimmung ohnegleichen herrscht zu dieser Zeit im Fassatal. 1828 schickt das Innsbrucker Museum Ferdinandeum den Mineralienhändler Augustin aus, um auf Kosten des Museums dort Mineralien zu kaufen, weil befürchtet wird, dass die besten Stücke außer Landes gebracht würden. Viele bisher unbekannte Mineralien kommen ans Tageslicht. Abraham Gottlob Werner beschreibt den Fassait, man streitet sich um das Wesen des Predazzit und Monzonit – die Mineralien beherrschen das bisher so beschauliche und ärmliche Tal.

Der große Sammler Heinrich Moroder. Zusammen mit Rudolf Colli gehört er zu den Legenden der Mineraliensammler in den Dolomiten.

Die Erben der Mineralienhändler

Was ist geblieben von jener goldenen Zeit, als die Mineraliensuche Beruf für viele wurde? Das Gasthaus „*Nave d´Oro*" gibt es nicht mehr. Geblieben ist nur das Gästebuch, in das sich eintragen zu dürfen als Ehre für alle Mineralogen und Geologen galt. Die großen Museen der Welt nennen Mineralien aus dem Fassatal ihr eigen. Große Sammlungen wurden auch im Fassatal aufgebaut und verschwanden wieder. Manch ergiebiges Gebiet zwischen Südtirol und dem Trentino wurde für die Mineraliensuche gesperrt, als seien alte Traditionen mit

Viele der prachtvollen Stufen im Museum de Gherdeina in St. Ulrich sind Leihgaben der Sammlung Moroder. Alfons und Heinrich Moroder bauten im Laufe der Zeit eine der besten Dolomitensammlungen auf.

Füssen zu treten. Noch immer gibt es die Sammler. Den Tone Rizzi zum Beispiel. Als Bergführer wurde er zur Legende. Er baute sich in Vigo di Fassa sein eigenes Mineralienmuseum. Aus altem Holz sind die Kästen gezimmert. Nur Großstufen sollen darin Platz finden. Sein ganzes Leben lang hat er gesammelt. Und mit ihm Don Tulio Stolcis, ein Geistlicher, oder Tone Valeruz, der Extrembergsteiger, Oreste Ganz, Mario Rizzi, Antonio Zulian. Wie sie alle heißen mögen. Viele strömten von außen in diese Täler. Wie Karl Schranzhofer, der Einarmige. Im Zweiten Weltkrieg schossen die Russen ihm einem Arm weg. Durch sein Hobby verdrängte er das Trauma. Er, seine gleichfalls Steine suchende Frau, und sein Sohn. Mit einem Arm klemmte er den Meissel zwischen den Felsen, mit dem gleichen Arm drosch er den schweren Schlägel darauf. Bis er zum unbestrittenen König der berühmten Pseudomorphosen aus dem Monzonigebiet wurde. Jenen Mineralien, die noch immer manche Rätsel für die Wissenschaft aufgeben. Als er 1998

Prehnit von der Charlottenwand als Schmuckstein. Eine der schönsten Prehnitstufen aus diesem Ort. Schmuckstück 1,5 cm, Mineral: 12 cm Breite, Sammlung Moroder.

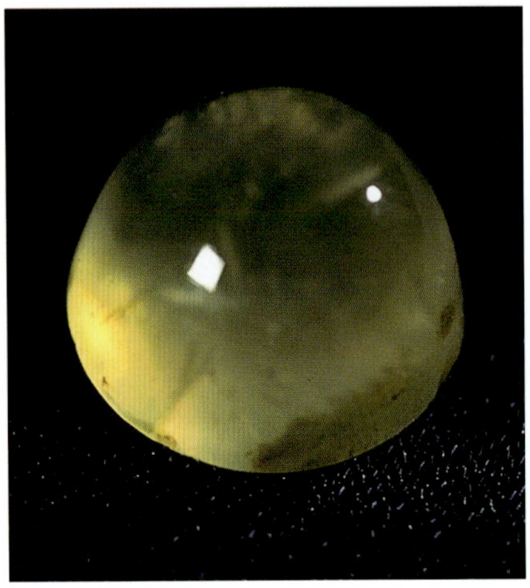

Der einarmige Karl Schranzhofer mit einem schweren Schlägel. Mit eisernem Willen sammelte er Zeit seines Lebens Mineralien. Seine Fassatal-Sammlung wurde berühmt.

starb, war er für viele andere zum Vorbild geworden. Ein eiserner Wille kann auch Steine versetzen.
Wer ist eigentlich dazu prädestiniert, Mineraliensammler zu werden? Es gibt keine statistische Einordnung. Bei einigen liegt es in der Familie. Die Moroders in St. Ulrich zum Beispiel. Heinrich Moroder. Er war Faßmaler, er sammelte Fossilien und

Als Puflerit, von der Typlokalität Pufels, sollte dieses – in Tropfenform vorkommende – Mineral in die Geschichte eingehen. Alsbald erkannte man, dass es sich um Desmin (Stilbit) handelte. Sammlung Alfons Moroder. Bildbreite 10 cm.

Mineralien. Die Seiser Alm wurde zu seinem Revier. Er sammelte viel, bis sein Haus überquoll und er einen Großteil dem Grödner Heimatmuseum vermachen mußte. Sein Sohn Alfons folgte in seine Fußstapfen. Oder die beiden Pallaoro-Zwillinge aus dem Cembratal. Sie hätten gleicher nicht sein können. Gleichzeitig begannen sie zu suchen, gemeinsam fanden sie und erzählten trotzdem immer in der Ichform, als seien sie eine Person, über ihre Funde. Fast alle sind sie Autodidakten. Wie Edmund Neugschwendter – „*Steinklauber-Mundi*“ genannt, – ein Original um 1900. Mit Ruckekorb ging er suchen. Im Laufe der Zeit und im Kontakt mit den Wissenschaftlern eignete er sich ein akzeptables Fachwissen an. Eingegangen in die Geschichte aber ist er durch seine Trinkfestigkeit. Eine drei Liter Wein fassende Geode trank er zur Wette und im Gejohle seiner anfeuernden Kollegen zweimal aus, um dann ein drittes Mal anzusetzen. Um 1920 fand man seine zerschmetterte Leiche, in der Nähe der Proßliner Schwaige, einem Fundgebiet für Analcime. Oder Leonhard Liebener von Monte Cristallo, im Fleimstal geboren. Als einer der ersten wagt er sich mit Johann Vorhauser an die Herausgabe eines Buches unter dem Titel „*Die Mineralien Tirols*“. Sein Leben lang arbeitet er sich an sein erklärtes Ziel heran. Er wollte geadelt werden. 1868 ist es soweit, auch wenn der Tod ein Jahr später schon zuschlägt. Der Kaiser erbarmt sich seiner, den dazu gehörenden Titel wählt er selbst: „*von Monte Cristallo*“. Eindeutiger hätte niemand seine Liebe zu den Kristallen zeigen können. Außer den Fassanern selbst: Auf der Nordseite des Monzoni finden sich deren heilige Täler: Das Toal della Fassaite, das Toal della Traversellite, das Toal della Cabasite. Jedem Tal wurde der Name des bestimmenden dort vorkommenden Minerals angehängt: Fassait, Traversellit, Chabasit. Nicht als touristische Attraktion. Alte Sammler führten die Namen ein, die jüngeren Generationen übernahmen sie einfach, ohne darüber nachzudenken.

Volkmar Mair ist seit 1999 Geologe am Amt für Geologie und Baustoffprüfung in Bozen . Er ist verantwortlich für geologische Kartographie und wissenschaftliche Projekte.

Mineralien aus dem Bozner Quarzporphyr

Das Tor zur Unterwelt

Die sogenannte „Bozener Quarzporphyrplatte" gehört zu den grössten zusammenhängenden Vulkangebieten Europas und bildet mit ca. 4.000 km² Fläche einen großen Anteil am kristallinen Sockel der Südalpen. Große Teile dieser bis zu 3 km mächtigen „Platte" liegen unter den Sedimentgesteinen der Dolomiten verborgen, und lediglich ein Teil dieser Fläche ist heute aufgeschlossen: die grössten Anteile davon liegen im Bereich zwischen dem Etsch- und dem Eisacktal von Meran im Norden bis etwa Auer im Süden, mit Bozen etwa im Zentrum dieses Areals gelegen. Weitere mächtige Porphyrabfolgen finden sich im Trentiner Cembra-Tal.

Wasserklar durchsichtiger Bergkristall, Terlan. Höhe des Kristalls ca. 3 cm (Sammlung Gruber, Foto Mair).

Ignimbrite ragen wie Felsenburgen im Etschtal südlich von Bozen markant aus empor. (Foto Schönegger).

Zwar scheinen die Porphyre auf den ersten Blick recht einheitlich, was wohl zu dem Begriff „Porphyrplatte" geführt hat, doch bei genauerer Untersuchung stellt man fest, dass unter dem Begriff Porphyr völlig unterschiedliche vulkanische Gesteine zusammengefasst sind.

Vor etwa 285 Millionen Jahren förderten Vulkan- und Spalteneruptionen erste zusammenhängende Lavaströme und Ignimbritdecken, die das metamorphe Grundgebirge und dessen Abtragungsprodukte überdeckten. Weitere Eruptionen aus anderen, manchmal auch aus denselben Zufuhrschloten und Spalten folgten und brachten immer wieder neue vulkanische Produkte: Staukuppen, Gänge, Subvulkane, Lavaströme, Blocklaven, Aschenregen, Tuffe, Ignimbrite, Eruptionsbrekzien. Durch Bruchtektonik im Zuge der Magmenförderung entstanden immer wieder neue Einbruchsgebiete, Gräben und tiefe Becken, wodurch sich die unterschiedliche Dicke und Ausbreitung der einzelnen Ignimbrit- und Lavakörper erklärt. Zwischen den Ausbrüchen gab es mehrmals längere Ruhezeiten, in welchen die Gesteine wieder erodiert und abgetragen wurden. Bäche und Flüsse transportierten den Verwitterungsschutt und lagerten ihn in Gräben und kleinen Seenbecken wieder ab. In dem zu dieser Zeit herrschenden wüstenhaften Klima konnten sich auch karge Böden bilden, bis erneut Vulkanausbrüche die Oberfläche versiegelten. Wieviele solche Ereignisse stattgefunden haben, läßt sich nicht ermitteln, doch wissen wir, dass die vulkanische Tätigkeit insgesamt etwa 15 Mio Jahre andauerte. Mit zunehmender Entleerung der Magmenkammer sank der zentrale Vulkanbereich um Bozen immer mehr ein, und homogene Ignimbritdecken füllten dieses Einbruchsbecken – Caldera genannt – und bedeckten überdies weit über den Rand hinaus die Oberfläche. Einen Eindruck von diesen mächtigen Ignimbritabfolgen erhält man im Etschtal zwischen Bozen und Auer, wo die sogenannten „Pfattner Ignimbrite" den Talboden flankieren.

Trotz der großen Fläche gibt es eigentlich nur relativ wenige und eher kleine Mineralfundstellen und Erzvorkommen. Dies hängt wohl mit der komplizierten und lokal sehr unterschiedlichen Entstehungsgeschichte der vulkanischen Gesteine zusammen.

Die Teiser Kugeln

Am Eingang des Villnöß-Tales, das etwas östlich von Klausen nach Südosten abzweigt und in nahezu direkter Linie zu den Dolomittürmen der Geisler führt, liegt auf einer Höhe von ca. 1000 m das Bergdörfchen Teis. Die enge Schlucht am Eingang des Tales führt zunächst durch die Quarzphyllite des Südalpins; etwas oberhalb der Abzweigung nach Teis ist die Basis der „Bozener Porphyrplatte“ erreicht. Bereits in den ersten dunkelgrauen, manchmal fast schwarzen bis grünschwarzen andesitischen Laven finden sich die berühmten „Teiser Kugeln“. Die Kugeln sind nichts anderes als mehr oder weniger gefüllte Blasenhohlräume in einem gasreichen Lavastrom. Da diese Kugeln weit über Tirol hinaus bekannt sind und eine vielfältige Paragenese aufweisen, ist ihnen ein eigenes Kapitel gewidmet, so dass hier nicht genauer darauf eingegangen wird. Festzuhalten bleibt, dass es sich

Links: Prehnit mit Bergkristall, 2 cm. Rechts: Teiser Kugel mit Calcit, Apophyllit und hellgrünem Prehnit auf Quarz. Bildausschnitt: 5 cm. (Fotos Schönegger)

Unten: Teiser Kugeln mit Amethyst, 7 cm. (Foto Mair)

Bäumchenförmiges Pumpellyitaggregat, Teiser Kugel. Höhe des Aggregats ca. 8 mm. (Sammlung Unterkircher, Foto Mair).

um die ältesten Mineralbildungen der „Porphyrplatte“ handelt.

Die Bleiglanz-Zinkblendevererzungen von Nals und Terlan

Die Blei-Zink-Vererzungen von Nals und Terlan sind strikt an den sogenannten Subvulkanit von Terlan gebunden. Dieser Subvulkanit ist ein großer Magmenkörper, der bis knapp unter die Erdoberfläche aufgedrungen ist, aber noch in den dunkelgrauen bis schwarzen, engplattigen Ignimbriten stecken blieb. Der Körper erstreckt sich ungefähr vom Petersbach bei Terlan bis zum Möltener Bach und zieht in einer schmalen Zunge hinauf bis nach Verschneid. Auf der gegenüberliegenden Talseite bei Nals bildet er den Bereich von der Schwanburg in nördliche Richtung bis etwa zum Rastbuchhof. Der Subvulkanit ist leicht an seiner grobkörnigen Struktur und an den bis zu 8 cm großen, gutausgebildeteten Feldspäten erkennbar.

Die Vererzungen finden sich ausschließlich im stark umgewandelten (propylitisierten) Randbereich des Intrusionskörpers, der schon von weitem an den gelben und braunen Verwitterungsfarben erkennbar ist. Bemerkenswert ist, dass bei Terlan der südliche Rand des Subvulkanits vererzt ist, in Nals hingegen der nördliche. Für beide Bereiche gilt jedoch, dass die Erze in saiger stehenden, annähernd N-S streichenden und bis zu 3 m mächtigen Quarzgängen vorkommen.

Vom Mittelalter bis in das Jahr 1964 wurden verschiedene Bergreviere mit wechselndem Erfolg abgebaut, wobei die Bergwerke von Nals bereits im 17. Jahrhundert aufgelassen wurden. Zahlreiche Stollen, Probeschürfe und Halden sind Zeugen dieser jahrhundertealten Tätigkeit.

Da der Erzabbau sehr professionell und effektiv vonstatten ging, sind aus den noch zugänglichen Stollen heute kaum noch Erzstufen mit den Haupterzen Bleiglanz und Zinkblende zu gewinnen. Neben diesen ausschließlich derb vorkommenden Haupterzen finden sich Magnetkies, Pyrit, Arsenkies, Kupferkies, Fahlerz und Ankerit. Als Gangart kommen Quarz und in geringen Mengen Baryt vor. Von einigem sammlerischen Interesse sind da eher die Sekundärbildungen, darunter Aragonit in Form von Eisenblüte und Gips als bis zu 2 cm

Mittelalterlicher Stollen im Revier Petersbach bei Terlan. Gipskristalle kleiden als Sekundärbildung ganze Stollenteile aus. Höhe der Kristalle ca. 2 cm (Sammlung und Fotos Mair).

Dawsonitrosette, Terlan. Durchmesser des Aggregates ca. 1.5 cm (Sammlung Frei, Foto Mair).

Unten: Calcit kugelig mit aufgewachsenen Calcitnadeln. Höhe der Nadeln ca. 8 mm (Sammlung Gruber, Foto Mair).

große, dünnblättrige Kristalle. Selten finden sich Devillin, Serpierit, Smithsonit, Hydrozinkit und andere.

Mineralogische Besonderheiten aus Terlan

Das Gebiet oberhalb von Terlan ist bei Mineraliensammlern schon seit langem bekannt für ästhetische und interessante Mineralien. Da die Fundstellen in sehr steilem Gelände oberhalb einer vielbefahrenen Strasse liegen und die Mineraliensammler in ihrem Eifer weder auf die Sicherheit der Menschen noch auf die Natur Rücksicht nahmen, ist das Gebiet seit geraumer Zeit gesperrt. Dennoch soll hier versucht werden, einen Überblick über die Mineralien und ihre besondere Entstehungsgeschichte zu geben.
Seit langem stellt sich die Frage, warum gerade hier eine Fundstelle für das ausgesprochen seltene Aluminiumkarbonat Dawsonit, andere Karbonate und zahlreiche Quarzvarietäten liegt. Erst detaillierte Untersuchungen im Zuge der geologischen Neukartierung Südtirols haben darauf eine Antwort gebracht. Die Mineralisationen finden sich in einem Lavastrom, der unmittelbar über einer bis zu 200 m mächtigen Sedimentabfolge von Konglomeraten, Sanden und Mergeln liegt. Diese Sedimente wurden in einem wenige hundert Meter breiten und einige Kilometer langen, Ost-West verlaufenden Graben abgelagert, der im Zuge von tektonischen Bewegungen während des „Porphyrvulkanismus" entstanden war. Der etwa 20 m mächtige Lavastrom hat die Sedimente versiegelt; durch die hohe Temperatur der Lava wurde ein Zirkulationssystem heißer Lösungen und Gase in Gang gebracht, das aus den darunterliegenden Sedimenten gespeist wurde. In den cm-großen unre-

füllt, seltener weiße skalenoedrische Calcite und grünlichbraune Dolomite bis 1 cm Größe.
In einem schmalen Bereich, wo unter dem Lavastrom Konglomerate, Sandsteine und Mergel anstehen, lässt sich folgende Mineralabfolge finden: über einem dünnen Saum von Eisenkiesel kristallisierten bis zu 1 cm große skalenoedrische Calcite, die später durch Siderit (häufig perimorph) ersetzt wurden. Darauf wachsen bis zu 4 cm große, meist allseits begrenzte, wasserklar durchsichtige Quarze, seltener Amethyste. Neben und über den Quarzen finden sich Dawsonit in weißen oder gelblichen Nadeln und sein Verwitterungsprodukt Nordstrandit in kleinen, häufig zu Kügelchen angeordneten Blättern. Manchmal finden sich in den Hohlräumen auch gelblich-grünliche Dolomite, Aragonit-Pusteln und sehr selten Baryt in Form kleiner Täfelchen. Akzessorisch finden sich auch Erzminerale wie Bleiglanz und Fahlerz sowie die Sekundärminerale Azurit und Malachit. Bemerkenswert ist, dass in den Hohlräumen mit gutausgebildetem Dawsonit kaum Quarz auftritt

Oben: Chalcedon mit unglaublichem Feuer, Tschögglberg. Höhe der Stufe ca. 15 cm. Rechts: Jaspis in typischer Ausbildung von der Naifschlucht, poliert. Bildbreite ca. 4 cm (Sammlung Gruber, Fotos Mair).

gelmäßigen Hohlräumen des Lavastromes konnten die Gase und Lösungen auskristallisieren und neue Minerale bilden. Über und neben diesem Lavastrom finden sich weitere Lavaströme ähnlicher Zusammensetzung, aber gänzlich ohne Hohlräume. Die Ursache dafür dürfte darin liegen, dass diese zähflüssigen Laven Fließfalten aufweisen, die eine Hohlraumbildung nicht zuließen.
Die Herkunft der Lösungen aus den Sedimenten erklärt die Verteilung und die Kristallisationsabfolgen der Minerale. In den Bereichen, wo unter dem Lavastrom Konglomerate und Sandsteine liegen, finden sich in den Hohlräumen nur Quarz, Amethyst (beide häufig mit Lepidokrokit-Einschlüssen), Eisenkiesel und Chalcedon. Als Begleitmineral tritt manchmal limonitisierter Siderit auf. In den Bereichen, wo der Lavastrom mächtige Mergel überdeckt, findet sich in den von Eisenkiesel ausgekleideten Hohlräumen häufig nur spätiger Calcit, der die Hohlräume gänzlich aus-

und umgekehrt. Häufig finden sich die Quarze auch als „Schwimmer", da der Siderit bereits vollständig limonitisiert und nur noch als braunes Pulver erkennbar ist.

Kieselsäure vom Tschögglberg und ähnliche Vorkommen

In letzter Zeit sind immer wieder Funde von Eisenkiesel, Bergkristall, Amethyst, Chalcedon, Achat und Jaspis zusammen mit Calcit, Siderit, Goethit und Hämatit in bisher nicht gekannter Qualität gemacht worden, die aus dem Bereich des Tschögglbergs stammen. Kennzeichnend für diese Fundstücke ist, dass sie allesamt aus eckigen, manchmal sternförmigen Hohlräumen stammen. Diese Hohlräume sind nichts anderes als die Zwickel von Blocklaven. Blocklaven entstehen dadurch, dass Lavaströme an ihrer Oberfläche schnell abkühlen, die Blöcke an der steilen Stirn des Stromes herunterrutschen oder rollen und von der weiterfließenden Lava umhüllt oder weitergerollt werden. Dadurch entsteht ein Strom, der aus gerollten und geschobenen und dadurch gerundeten Blöcken besteht. Sie werden durch eine pulvrig-sandige Grundmasse zusammengehalten. Werden solche Laven von Lösungen und Gasen durchtränkt, so bleichen die Blöcke randlich aus und wittern an. In den Zwickeln dazwischen können Mineralien auskristallisieren. Als Zubringer für die heißen Lösungen konnten in unmittelbarer Umgebung der Fundstellen dunkle, grauschwarze Andesitgänge mit bis zu 10 m Mächtigkeit ausgemacht werden, welche die Laven durchschlagen. Die Zufuhr heißer Lösungen und Gase ist auch die Ursache für die Bildung weiterer Fundstellen für Chalcedon, Jaspis und Barytrosetten, wie z.B. in der Naifschlucht. Weil es sich hierbei um kleinräumige Mineralisationen handelt, die eigentlich überall in den Porphyren auftreten können, ist auch in Zukunft sicherlich mit Neufunden zu rechnen.

Fluoritgänge in den „Pfattner Ignimbriten“

Die Ignimbrite beiderseits des Etschtales südlich von Bozen bilden die mächtigste homogene Formation der gesamten „Porphyrabfolge“ in Südtirol. Sie reichen vom Talboden des Etschtales hinauf bis auf das Hochplateau von Aldein und Deutschnofen. Charakteristisch für diese Ignimbrite ist die tafelige, manchmal säulige Klüftung, die in den verschiedenen Steinbrüchen zur Herstellung von Platten und Würfeln genutzt wird. Typisch für diese Formation sind auch die zahlreichen saigeren Fluoritgänge, die allesamt in Richtung NNW-SSE streichen und Mächtigkeiten von wenigen mm bis zu 10 m aufweisen. Viele dieser Gänge wurden bereits im Mittelalter abgebaut, um Bleiglanz zu gewinnen. Genannt seien neben vielen anderen die Bergbaue von Altenburg bei Kaltern, Virgl, Kampenn, Halsberg, Aldein, Brantental. Letzteres war als Fluoritbergwerk noch bis 1996 in Betrieb.
Allen Gängen gemeinsam ist die Entstehung als typische Gangvererzung und die Paragenese: Fluorit als Hauptmineral zeigt verschiedene Farben, die von Fundstelle zu Fundstelle – aber auch innerhalb ein und derselben Fundstelle – variieren. Die Farbenpalette reicht von wasserklar durchsichtig über weiß, grau, gelb, braun, grünlich, azurblau, dunkelblau bis zu violett. Die Anteile an Baryt und Quarz sowie Bleiglanz, Zinkblende und Calcit sind von Fundstelle zu Fundstelle verschieden. Daneben finden sich die Erzminerale Pyrit, Markasit, Fahlerz und Kupferkies. Als Sekundärminerale seien vor allem Anglesit, Cerussit, Malachit, Azurit und Serpierit genannt.
Der kurze Streifzug durch die verschiedensten Mineralisationen der „Porphyrplatte“, von den ältesten Bildungen – den Teiser Kugeln – bis zu den jüngsten Fluoritgängen zeigt, dass unterschiedlichste Prozesse zur Bildung verschiedener Mineralgesellschaften geführt haben. Er zeigt aber auch, dass unsere Kenntnisse noch sehr begrenzt sind und auch in Zukunft noch einiges an geologischer und mineralogischer Kleinarbeit zu leisten sein wird.

Oben: Wasserklar durchsichtige Fluorite, Altenburg. Kantenlänge der Würfel ca. 2 cm (Sammlung Lorenz, Foto Baumgarten).

Links: Barytrosette, Altenburg. Bildbreite ca. 2 cm (Sammlung und Foto Mair).

Der König der Teiser Kugeln

Vom Mann, der auszog, um sein Leben diesen Geoden zu widmen

Michael Wachtler begibt sich auf die Spuren von Paul Fischnaller

Teiser Kugel mit Amethyst. Mineralienmuseum Teis. Durchmesser der Kugel 4,5 cm. Paul Fischnaller aus Teis: Jahrzehntelang bearbeitete er den zähen Felsen, um die schönste Sammlung von Teiser Kugeln zusammenzutragen.

Wann zum ersten Mal Menschen von den in Teis gefundenen Kugeln so fasziniert wurden, dass sie sie zu Schmuck verschliffen oder als Dekoration verwendeten, wird sich wohl nie mehr feststellen lassen. Doch schon sehr früh erregten diese Achatgeoden Aufmerksamkeit. Um 1700 versuchte man sie sogar bergmännisch abzubauen, doch man scheiterte, weil ihre Bergung zu aufwendig und die Ausbeute zu gering war. Trotzdem kann mit gutem Gewissen gesagt werden, dass diese Achatgeoden aus Teis einen nennenswerten Beitrag zur weltweiten Erforschung der Entstehungsbedingungen von Geoden beigetragen haben.

Die Geschichte des Mannes, der zum König der Teiser Kugeln wurde

Das 20. Jahrhundert bringt dann die größten Veränderungen. An manchen Tagen lösen bis zu 30 Kristallsucher in Teis die Felsblöcke von den Wänden. Doch einer sollte am Ende alle überragen: Paul Fischnaller aus Teis. Der Gostner Graben, wo die besten Gänge hervortreten, wird zu seinem Lebensinhalt. Tag um Tag arbeitet er sich durch die harten Blöcke. Jahrzehntelang. Hatte es ihn anfänglich – als absoluten Laien – noch mit Ruckekorb und einer gewöhnlichen Hacke hinaufgezogen, und war das Ergebnis mehr als ernüchternd gewesen, so beginnt ihn die Suche nach diesen Geoden alsbald gefangen zu nehmen. Immer öfter zieht es ihn hinauf zu den Felsen, wo er nicht reden muß und wo innere Philosphien nur mit den Felsen ausgetragen werden. So gut wie er konnte alsbald keiner die Felsen bearbeiten, so wuchtig schlug keiner zu. Paul Fischnaller wird zum vielbewunderten Einzelgänger, der seine Schwelle eine Latte höher als die anderen ansetzte. Tag um Tag ging er morgens zu seiner Fundstelle, um in seiner zähen Art dem harten Felsen

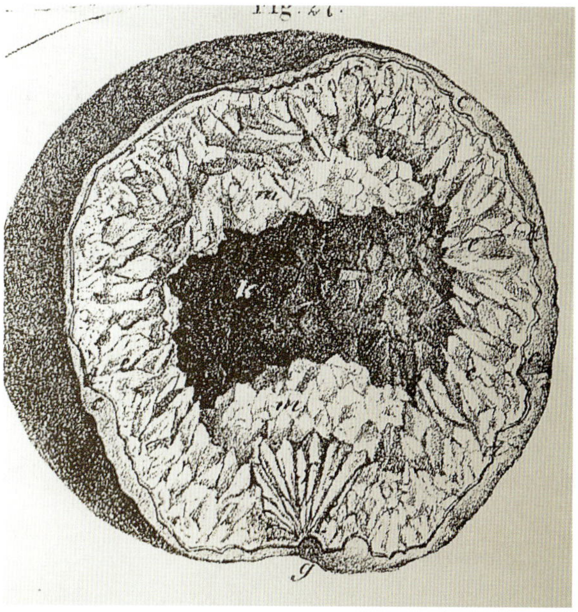

Der Breslauer Mineraloge Gustav Adolph Kenngott schreibt 1850 ein erstes Werk über die Teiser Kugeln und zieht mannigfaltige Schlüsse über deren Entstehungsbedingungen. Ein seltener Anschnitt: Bilderbuchmäßig erkennt man bei diesen Teiser Kugeln so genannte Infiltrationskanäle. Mineralienmuseum Teis.

eine Kugel zu entreißen. Manchmal fand er wochenlang keine einzige Kugel, doch er ließ sich nicht beirren. Denn der Erfolg stellte sich nun ein. Die Sammlung wuchs und wuchs, allmählich füllten Tausende dieser Kugeln sein Haus.

Der schweigsame Paul Fischnaller

Paul Fischnaller ist kein Wissenschaftler. Das Schreiben und Beschriften bedeutet für ihn nur Qual. Nach Jahrzehnten der Suche besinnt er sich darauf, dass einmal womöglich die Teiserkugeln in

alle Winde verstreut werden könnten. Ein Museum soll gebaut werden. Es ist ein harter Kampf mit sich selbst. Wann ist der richtige Zeitpunkt, um ein Lebenswerk der Allgemeinheit zu über-eignen: Zu Lebzeiten oder nach dem Tod? Er entscheidet sich für den Augenblick. Das Museum wird von der Allgemeinheit erbaut. Dort steht nun sein Lebenswerk. Und er liebt es trotz seiner kargen Art immer noch, den Leuten zu erzählen, dass es einen Menschen gegeben hat, welcher die meiste Zeit seines Lebens damit verbracht hat, Felsbrocken zu zertrümmern und das Tage, Wochen, Monate und Jahre. Und sie werden in seinem Museum noch Zeugnis von dieser Fundstelle geben, wenn die Fundstelle selbst einmal gänzlich von Geröll überlagert sein wird. Denn gibt es in Zukunft überhaupt noch jemanden, welcher bereit ist, das Lebenswerk des Paul Fischnaller fortzusetzen?

Ein einzigartiger Bergbau

Als Peter Joseph von Piazza am 7. März 1732 in Brixen im 69. Lebensjahr stirbt, geht mit ihm ein eigenartiger Kampf gegen die Windmühlen zu Ende. Hatte sich doch der Adelige mit eisernem Starrsinn in den Kopf gesetzt, die Teiser Kugeln bergmännisch abzubauen. Der harte Felsen gab zwar seine Schätze preis: Karneol, Achat, Chalcedon und Jaspis – aber viel zu gering war die Ausbeute – um damit einen wirtschaftlichen Erfolg zu erzielen. Am 14. September 1719 hatte noch alles voll Hoffnung und Zuversicht begonnen. Da präsentierte sich Graf Piazza vor dem Bergrichter von Klausen und ersucht, ihm das Recht zu verleihen, im grauen Felsen von Teis »Jaspis und Agaten« (Achat) abbauen zu dürfen. Der Bergrichter ist überrascht von diesem Ansinnen, doch Piazza insistiert und legt ein Schreiben bei, in dem er berichtet, dass Gott höchstpersönlich ihn ein Achatbergwerk habe finden lassen. Dem Ansuchen wird stattgegeben und dreizehn Jahre lang widmen sich Piazza und seine Söhne ausschließlich diesem Unternehmen, das ihm von nun an viel Hohn und mehr noch Spott und Neid eintragen wird. Sehr schnell sind die Söhne von der Sinnlosigkeit dieses Unterfangens überzeugt und verlieren jegliches Interesse. Am Ende hält nur noch der Alte stur, auf den großen Schatzfund hoffend, fest. An den Teiser Kugeln hängen seine Träume, mit ihnen verliert er all sein Geld und von ihnen verabschiedet er sich erst, um seine ewige Fahrt anzutreten.

Bild oben: So präsentiert sich heute der Gostner Graben in Teis: Sammler haben in harter Arbeit in den harten vulkanischen Basaltfelsen große Höhlen und Stollen hineingegraben, um aus besonders geodenreichen Zonen die Kugeln zu bergen (Foto Lorenz Fischnaller).

Eine Teiserkugel wird geöffnet

Das Öffnen einer Geode ist ein schwieriges Unterfangen. Sehr oft zerschellen die besten Kugeln in tausend Brocken. Meißel und Hammer werden am oberen Ende der Kugel angesetzt, mit einem präzisen Schlag wird der Deckel geöffnet, dann begutachtet der Finder Paul Fischnaller erwartungsvoll das Innere. Sehr gefragt sind hohle Kugeln mit tiefviolettem Amethyst.

Manchmal, wenn die Geoden aus festem Muttergestein herausgearbeitet werden, enthalten diese noch die Restwasserlösungen aus der Zeit ihrer Entstehung vor über 250 Millionen Jahren. Der Inhalt wird in eine Flasche gefüllt und zur chemischen Untersuchung an eine Universität verschickt. Er könnte weiteren Aufschluß über die Bildungsbedingungen erbringen. Fotos von Lorenz Fischnaller.

Molignon - der Calcitberg

Kristallsuchen im tropischen Korallenriff

Viele hundert Meter tief fällt die Molignonwand unter uns ab. Schritt um Schritt klettern wir den ausgesetzten Quergang weiter. Tone Valeruz, Mineraliensammler und dazu noch weltbester Extremskifahrer, im Fassatal lebend, zeigt uns den Weg. Das einzige Seil haben wir dafür verwendet, uns über einen überhängenden Grat hinunterzulassen. Den Rest müssen wir frei klettern. Schwer wiegt unser Gepäck und baumelt bedrohlich am Abgrund. Eine Filmkamera haben wir mit, dazu noch Fotoausrüstung. Wir wollen Tone Valeruz begleiten und beobachten, wie er aus diesen Dolomitklüften große Calcitgruppen birgt. Die Calcitklüfte unten, wo die grünen Wiesen sich über vulkanischem Gestein an die Wände des Molignon anschmiegen, wurden schon von Georg Gasser im Jahr 1913 in seinem Buch „Die Mineralien Tirols" ob ihrer Größe gelobt. Bis 25 cm große Kristalle wurden geborgen.

Zu den unerforschten Schluchten

Hier oben aber beginnt die Welt der Extremabenteurer. Immer wieder halten wir erschöpft inne, während Tone Valeruz, der Ladiner, mit seinem Pickel an einer Stelle zu graben beginnt. Sofort kommen riesige Blöcke zutage, auf denen große Calcitkristalle aufkristallisiert sind. Schön heben sich die goldgelben Kristalle von den kleinen weißen, sattelförmigen Dolomitkristallen ab. Sehr wenige Mineraliensammler werden bisher hier ge-

Calcit ist ein Allerweltsmineral. Hier an den unerforschten Abgründen des Molignon wird der Kristall zur Faszination. Größe des Kristalls 6 cm. Fotos von Martin Schönegger.

Auf den Spuren von Tone Valeruz bewegen sich Michael Wachtler und Martin Schönegger.

sucht haben. Lebensmüde ist ja doch niemand. Martin Schönegger filmt und fotografiert, während ich die Gegend betrachte. Geologie in ihrer vollendeten Ausführung erlebe ich hier. Meine Finger krallen sich in die verästelten und zu Stein erstarrten Korallenstöcke, während ganz unten die schwarzen Vulkansande sich an den weißen Dolomitwänden brechen. Vor 235 Millionen Jahren traten hier aus Vulkanen und noch mehr aus untermeerischen Brüchen ungeheure Mengen Lava aus und schoben sich durch die Meeresbecken, die von den Korallenriffen frei gelassen worden waren. Kissenlava erstarrte, und in ihren Zwickeln bildeten sich jene Mineralien, die die Seiser Alm so berühmt gemacht haben. Analcime, Apophyllite, Prehnite, aber auch Geoden. Hier hinauf kam die Lava nicht. Die Korallen hatten schon vorher in einem Wettlauf mit der Zeit gegen den immer tiefer absinkenden Meeresgrund Meter um Meter hinaufgebaut. Bis 1.000 Meter hohe Korallenburgen entstanden, die heute die Faszination Dolomiten bewirken. Wo kann man so leicht trockenen Fußes um ein Korallenriff wandern? Wohl nur hier in den Dolomiten.

Tone Valeruz treibt uns noch weiter. Ich will ein Calcitstück einpacken, ein kleines nur, er aber wehrt ab. Weiter drüben, in der senkrechten Wand gäbe es die besten Calcitkristalle. Der Fotograf meutert, er sei ja nicht lebensmüde. Ich habe alle Mühe, ihn in seiner durchaus berechtigten Angst zu beruhigen. Ich mache mir selbst Vorwürfe, Tone Valeruz nicht angehalten zu haben, weitere Sicherungsseile mitzubringen. Aber seelenruhig klettert er weiter. Dann sehen wir ein eigenartiges Depot. An die zwanzig Obstkisten hat er dort aufgestapelt, zum großen Teil sind sie voll gefüllt mit Calcitkristallen. Wie lange sie schon so lagern? Seit Jahren, gibt mir Valeruz zu verstehen. Ihn freut das Sammeln, der Rest ist ihm einerlei. Mögen sie noch einige Jahre hier, kaum geschützt, den Lawinen ausgesetzt sein, das stört ihn nicht. Dann führt er uns zu einer Stelle, wie ich sie noch nie in meinem Leben gesehen habe, obwohl ich eine Unzahl von Sammlern und Strahlern hin zu den

besten Kristallklüften begleitet habe. Eine Höhle tut sich auf. In jahrelanger Arbeit hat Tone Valeruz sie geöffnet. Sie besteht aus Calcitkristallen. Große Blöcke hat er im Laufe der Zeit über die Wand hinuntergeworfen, die besten hat er mitgenommen. So wurde das Loch im Laufe der Zeit so groß, dass er ein Zelt darin verankern konnte. Das ihm selbst bei Blitz und Gewitter Schutz bietet.

Ein Zelt in der Calcithöhle

Den Boden des Zeltes kann er öffnen und dort gräbt er weiter nach seinen Calciten. Er reicht mir ein paar, die er eilig aus dem dunklen Sand herausgebohrt hat. Dankbar nehme ich sie entgegen. Es sind Belegstücke. Ohnehin nur mit einem Hubschrauber sind die großen Platten ins Tal zu bringen. Und die lagern zu Dutzenden rund um diese Kristallhöhle herum. Wann er diese zu Tal fliegen würde? Entgeistert schaut mich Tone Valeruz an. Das wisse er nicht so genau. Vielleicht nächstes Jahr, vielleicht nie. Es sei so schön hier oben, dass er manchmal tagelang hier verweile. Ihn fasziniert das Finden von Mineralien, nicht das Sammeln. Allein eine Hubschrauberladung voll würde schon dazu führen, dass alle Sammler dieser Kristalle überdrüssig würden. Und wer kauft schon Calcite. Da ist es schon besser, sie blieben hier. Ausgesetzt dem gleißenden Licht der Sonne, die sie noch schöner macht, als sie es sind. Diese Einstellung könnte eine neue Form des Sammelns darstellen. Doch auch nur hier, in den wilden und unerforschten Abgründen dieses Korallenberges, wo sich kein Mensch hinverirrt. Wir machen Fotos, wir filmen, dann tasten wir uns mit schlotternden Knien wieder über die Wand zurück. Ein Gewitter kündigt sich an, die ersten Blitze fahren schon in die rundum liegenden Wände. Wir hasten weiter, Tone Valeruz seelenruhig hinterher. Überall liegen an diesem gläsernen Berg die Calcitplatten des Tone Valeruz herum. Hier ist er König über sein Sagenreich. Nochmals schauen wir nach unten, 500 Meter senkrechte Wand. Nur hier an diesem Berg konnten sich durch besondere Bedingungen diese Calcitkristalle inmitten der Korallenstöcke bilden. Und wir sind Teil einer gelebten, Millionen Jahre alten Urzeit. Einer schwindelerregenden zwar, aber wir nehmen nun alles mit Humor. Auch das peitschende Gewitter, das uns naßkalt in die Glieder fährt und das Klettern noch schwieriger macht. Dann endlich sind wir wieder unten. An einem Punkt halten wir mit dem Auto an. Tone Valeruz zeigt uns jene Stelle, wo wir noch vor kurzem herumkletterten. In einer senkrechten Wand sehen wir einen kleinen schwarzen Punkt. Dort muß das Zelt stehen. Verstohlen betrachte ich Tone Valeruz, den Herrscher über seinen gläsernen Berg. Hat diese Art von Mineraliensuche einen Sinn? Keinen einzigen Calcitkristall trägt er in seinem Rucksack mit. Wir schauen nicht lange, denn von hier aus ist die Wand noch fürchterlicher, gefährlicher und abgrundtiefer als zuvor.

Majestätisch beherrschen die Calcitplatten den Molignon. Der Extremkletterer Tone Valeruz, der Herrscher über dieses Reich, hat es sich in einer großen Calcithöhle gemütlich gemacht. Ganz unten im Tal fand schon Georg Gasser um die Jahrhundertwende diesen Calcit, den er in seinem Buch „Die Mineralien Tirols“ verewigte.

Ein Blick von der Marmolada zeigt in seiner wunderbaren Vollkommenheit die schwarzen vulkanischen Ströme und im Hintergrund die schneeweißen Kalkfelsen. Unten: Basaltsäulen bei den Hexenbänken auf der Seiser Alm.

Im Schlot des Feuerozeans

Vor 237 Millionen Jahren veränderte Vulkanismus die Landschaft

Michael Wachtler reiste bis in die Südsee, um ähnliche Vulkanphänomene, wie sie in der Triaszeit herrschten, zu studieren.

Der Mineralienreichtum der Seiser Alm und des Fassatales hat seit 200 Jahren die Mineralogen fasziniert. Doch gerade die Ursachen ihrer Entstehung stellten die Wissenschaftler immer wieder vor neue Probleme, die auch heute noch nicht ganz gelöst sind. So ist es umso verständlicher, dass man sich mit Feuereifer auf heute sich abspielende Phänomene stürzte, um anhand der Gegenwart die Vergangenheit zu erforschen. Die Mineralien dieser Gegend entstanden durch einen sich in der Triaszeit abspielenden Vulkanismus. Gibt es heute noch ähnliche Landschaften, in denen sich die gleichen Prozesse abspielen? Die vulkanischen Inselbögen im malaiischen Archipel oder Vanuatu in der Südsee sind das Ziel unserer Reise. So könnten die Dolomiten vor annähernd 240 Millionen Jahren sich gezeigt haben. Tropische Korallenriffe, araukarienartige Bäume an den Ufern, dazu täglich die Erde erschütternde Erdbeben als direkte Auswirkungen des ständigen Vulkanismus. Einige der durch die vulkanischen Aktivitäten immer wieder aus dem Meer heraussteigenden Inseln tragen in ihrem Zentrum einen

Bild oben links: Rezente Kissenlava im Ozean vor Vanuatu. Daneben: Gleiche Phänomene spielten sich auch in der Triaszeit auf der Seiser Alm ab. Lava hat einen Korallenstock vor Vanuatu zum Absterben gebracht. Die vulkanischen Ablagerungen schoben sich bei den Dialer Bohlen zu den Riffen und verzahnten sich mit ihnen.

Vulkan, der immer wieder seine Last auf die umliegenden Gebiete entlädt. Die Inseln Tanna und Ambrym im Inselarchipel von Vanuatu sind augenblicklich am aktivsten.

Glutflüssige Lava unter Wasser

Ein Großteil des Vulkanismus aber spielt sich, von den Bewohnern unbemerkt, unter Wasser ab. Aus untermeerischen Spalten wird dort Lava langsam herausgepresst, die durch das kalte Meerwasser schlagartig außen abkühlt, während sie im Innern durch nachströmendes Magma aufgebläht wird, bis alles wie ein Luftballon reißt. Für solche lang gezogenen Schläuche, die in kugeligen Formen enden, hat sich der Name „Pillow lava“ eingebürgert, Kissenlava.

Bei den Roßzähnen auf der Seiser Alm sind solche Phänomene weit verbreitet. Eine etwas andere Entstehung haben die Hyaloklastite hinter sich. Die austretende Lava wurde im Wasser explosiv pulverisiert, und lagerte sich später fest zementiert als vulkanischer Sand ab. Einige besonders markant im Durontal herausstehende rundliche Säulen, vom Volksmund „Frati“ – Mönche – genannt, haben in diesem Phänomen ihre Entstehungsursachen. Wann traten in den Dolomiten all diese Phänomene ein? Neueste Untersuchungen der ETH Zürich haben ergeben, dass vor 241 Millionen Jahren im Süden der heutigen Dolomiten erstmals Vulkanismus einsetzte. Als vulkanischer Aschenregen prassel-

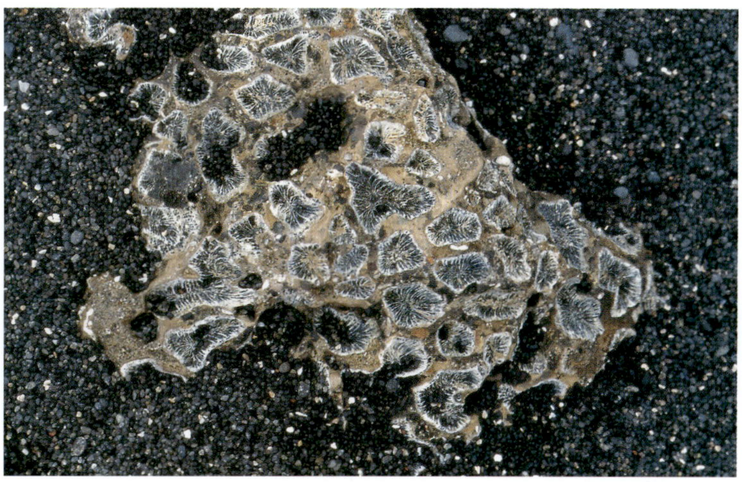

Oben links: Natrolith auf rosa Analcim, Lafreider Hölle. Länge der Kristalle ca. 2 cm. (Sammlung Naturmuseum Südtirol).

te er auf das Meer nieder und blieb als grüne Schicht, „Pietra Verde" genannt, uns bis heute erhalten. Vor 237 Millionen Jahren aber wurden die Dolomiten selbst zum Zentrum des zu dieser Zeit ausgeprägtesten Vulkangebietes im heutigen Europa. Durch das frühere, Jahrmillionen dauernde Absinken des Meeresbodens war die Erdkruste an diesen Stellen besonders brüchig und dünn geworden, so dass sowohl in der Tiefsee als auch auf den Riffen und Inseln das Magma sich einen Weg nach oben zu bahnen begann. Und gerade diese kleinräumigen Geländestrukturen führten zu völlig verschiedenen Formen vulkanischer Austrittsphänomene und nach allmählicher Abkühlung und Eintritt von wässrigen Lösungen zu unterschiedlicher Auskristallisation und Mineralbildung. Konnten in den Zwickeln der Kissenlaven – wie sie häufig auf der Seiser Alm vorkommen – Apophyllite, Analcime und andere Zeolithe auskristallisieren, so schieden sich in den in der aufsteigenden Lava enthaltenen Gasblasen, nach ihrer allmählichen Abkühlung, hauptsächlich die für Geoden typischen Mineralien ab. Quarz, Calcit, Baryt, Seladonit und Goethit zählen zu den charakteristischen Mineralien der Geoden der Dialer Bohlen und anderer Gebiete des Fassatales. Die grau-bräunlichen Augitporphyre enthalten bis zu 50-60 cm lange Geoden, in denen diese Mineralien vorkommen. Genauso wie heute in der Südsee oder am Vulkan Ätna liefen diese vulkanischen Ergüsse innerhalb weniger als einer Million Jahre ab, also in unwahrscheinlich kurzer Zeit. Auch der Ätna, mit seinen 3.350 Metern der höchste Vulkan Europas, wurde in nur 500.000 Jahren gebildet. Bis zu 1.000 Meter

dick legten sich Vulkanaschen über die damalige Landschaft, füllten die Abgründe zwischen den Riffen auf, umklammerten die Riffe, zerstörten jedes Meeresleben und konservierten durch die feine Asche trotzdem wieder Millionen von Muscheln bis in die heutige Zeit.

Die großen Vulkane

Ein anderes faszinierendes Phänomen trat in der Gegend um Predazzo und den Monzonibergen ein: Dort bahnten sich die glutflüssigen Gesteine aus Magmakammern im Erdinnern einen Weg durch frühere Ablagerungen, wie den Grödner Sandstein, die Werfener Schichten und auch die frühen Riffe. Auf ihrem Weg nach oben blieben sie als Intrusionen teilweise stecken, heizten das umliegende Gestein auf und verformten es, um dann allmählich zu erstarren. Die umliegenden Gesteine wurden verbrannt, umgewandelt und metamorphisiert. Und gerade in diesen Kontaktzonen bildeten sich weltberühmte und ästhetisch schöne Mineralien aus, die diese Gegend so bekannt machten: Vesuvian, Fassait, Calcit, verschiedene Typen von Granat, Gehlenit und viele andere. Die Kalkriffe dagegen wurden in Marmor umgewandelt, der als Predazzit Eingang in die Mineralogie fand. Zwei Vulkane haben als Plutone in der Triaszeit Mineraliengeschichte geschrieben: Während der erste – in der Nähe der Monzoni gelegen – im Laufe der nächsten Jahrmillionen durch Wind und Wetter abgetragen wurde, und seine schwarze, feine Fracht über ein weites Gebiet ablagerte, brach der andere – in der Nähe von Predazzo – in sich zusammen und formte eine große, fünf Kilometer messende Caldera.

Links: Perfekt ausgebildete Natrolithdruse (10 x 8 cm) – Piz Sella, Sammlung Alfons Moroder. Oben rechts: Thomsonit, Pufels. Thomsonit, Pufels (Foto Schönegger).- Unten rechts: Zonar gewachsener Analcim, Lafreider Hölle-Seiser Alm. Bildbreite ca. 6 cm. (Sammlung Frei, Foto Mair).

ANALCIM (30 X 20 CM) – FROMMER LAHN. FINDER HANS IRASEK, SAMMLUNG ALFONS MORODER.

GROßES APOPHYLLITAGGREGAT (10 X 8 CM).
SAMMLUNG ALFONS MORODER.

APOPHYLLIT (1,5 X 1 CM) – LAFREIDER HÖLLE.
FINDER F. OBERLEITER, SAMMLUNG MORODER

CHABASIT MIT TROPFENFÖRMIGEM DESMIN (LOKALVARIETÄT
FLERIT), THOMSONIT UND CALCIT (5 X 5 CM) – PUFLER LOCH.

DATOLITH AUF ROSA ANALCIM, LAFREIDER HÖLLE.
BILDBREITE CA. 6 CM

Faszinierende Mineralienwelt Seiser Alm. Die Sammlung Moroder in Gröden.

PREHNITKUGELN (JEWEILS 3 X 3 CM) – CHARLOTTENWAND,
SAMMLUNG ALFONS MORODER

NATROLITH, AUFGESETZT PUMPELLYIT (AUSSCHNITT 5 X 5 CM
PIZ SELLA, SAMMLUNG ALFONS MORODER

Die Vulkanite des Fassatales

Legendäre Fundgebiete für außerordentliche Mineralien

Dr. Daniel Lorenz sammelt fast ausschließlich in den regionalen Vulkaniten von Trentino-Südtirol, mit Schwerpunkt auf den Mineralien des Fassatales.

Wer unter den Mineraliensammlern den Namen Fassatal hört, denkt unwillkürlich an Minerale wie Heulandit, Analcim oder Fassait, welche in fast allen alten und auch in vielen neuen Sammlungen in Europa und z.T. auch in Übersee als lokalitätstypisch geführt werden. Dabei bergen allein die mitteltriassischen Vulkanite eine Vielzahl an Mineralien und diese wiederum treten in fast unzähligen Paragenese-, Habitus-, Form- und Farbvarianten auf, so dass für den Lokalsystematiker der typische rote Heulandit oder die klassischen roten oder Tre-Puntei-Analcime fast schon banal erscheinen. Um einen besseren Einblick in die geologische Situation des Gebietes zu bekommen, ist ein kurzer Ausblick auf die Genese dieser Gesteinsformationen angebracht. Da die triassischen Vulkane, welche die Unmengen an Laven, Aschen u.ä. auswarfen, nicht an heutige Gemeinde- oder Provinzgrenzen gebunden waren, erstreckt sich das geologische Areal weit über das Fassatal hinaus. Diese Vulkanitserien ziehen sich nämlich vom Westrand der Seiseralm in der Provinz Bozen über das obere Fassatal in der Provinz Trient bis in die westlichen Belluneser Dolomiten in der Provinz Belluno. Den neuesten Erkenntnissen bzw. Theorien folgend, wird von der Präsenz und Aktivität von zwei großen Vulkanen in der Gegend des heutigen Predazzo und des Val di San Nicolò, einem östlichen Seitental des Fassatales, ausgegangen. Ihre kurze, aber sehr intensive Tätigkeit setzte in der mittleren Trias vor ca. 235 Mio. Jahren ein und spielte sich hauptsächlich untermeerisch ab. Daraus resultieren auch die sehr häufigen Pillowlaven bzw. Pillowbrekzien, die weite Teile der Vulkanite aufbauen und teilweise eine Mächtigkeit von mehreren 100 Metern erreichen. Diese Pillowlaven bilden auch den Großteil der Vulkanite des Fassatales, und in ihnen sind auch die meisten Mineralien enthalten. Die Tatsache, dass diese unterseeischen Vulkanausbrüche in einem seichten, von noch wachsenden Kalkriffen gekennzeichneten Meer stattfanden, dürften auch der Grund dafür sein, dass eines der häufigsten Mineralien, sowohl derb als auch kristallisiert, der Calcit ist. Geographisch lassen sich die Vulkanite des Fassatales auf drei Hauptgebiete aufteilen: Durontal, Donatal (Dona, Uday) und Bufauregruppe (Bufaure, Do le Pele, Jumela, Val San Nicolò, Ciampac,Ciamòl, Grepa). Noch ganz am Rande des Fassatales, bereits zur Provinz Belluno hin, wären noch die Padonkette und das hintere Contrintal zu nennen.
Diese drei Hauptgebiete sollen im nun folgenden Teil kurz umrissen und die darin vorkommenden Mineralien vorgestellt werden.

Zwischen dem Fassatal und der Seiser Alm sind die ehemaligen Vulkanausbrüche überall ersichtlich. Sie bergen eine Unzahl von Mineralien. Oben: Natrolith, Piz Sella, Sammlung Ganz

Das Durontal

Dieses rund 12 km lange Hochtal erstreckt sich vom Tierser Alpl bis hinunter nach Campitello im Fassatal. An seiner Nordostseite grenzt im oberen Teil die Seiseralm direkt an, nur durch einen mittelhohen Bergrücken getrennt, der von den Roßzähnen einigermaßen in Nordwest-Südost-

Richtung zum Fuß des Plattkofels verläuft. Im unteren Teil des Durontales ist die Nordostseite vom Plattkofel und von der Alpe Gabia begrenzt. Im Südwesten hingegen ist das Tal durch einen Bergrücken vom Donatal abgetrennt.
Die mineralführenden Vulkanite treten im Durontal fast auf der gesamten Länge des Tales auf. Am bekanntesten dürften dabei die Dialer Bohlen sein, welche zur Hälfte zur Seiseralm hinneigen und zur Hälfte zum Durontal, da sie ein Teil des obgenannten mittelhohen Bergrückens sind, der die Seiseralm vom Durontal trennt. Die Seite zum Durontal hin ist dabei etwas weniger steil und zerklüftet als jene zur Seiseralm hin. Allerdings sind aus diesem Grund auch weniger freistehende Felsen zu erkennen, was die Suche nach Mineralien nicht unerheblich erschwert bzw. einschränkt. Weit über die Landesgrenzen hinaus berühmt wurden die Dialer Bohlen durch die wunderschönen Geoden, welche von dort seit rund 200 Jahren bekannt sind. Diese meist röhrenförmigen Gebilde mit einer relativ dünnen Calcitrinde oder einer noch dünneren ausgefressenen Quarzschale können bis über einen halben Meter lang werden. Das Vorkommen der Geoden ist an die anstehenden Pillowlaven gebunden, welche hier sogenannte Melaphyre bildeten. Unter diesen Melaphyren hat man sich fast in Bogenbautechnik strukturierte Wölbungen vorzustellen, bestehend aus einem grau-bräunlichen Augitporphyr. Die mineralisierten Hohlräume befinden sich meistens in der Mitte oder in der unteren Hälfte dieser Gesteinskörper. Für die Bildung dieser röhren- bzw. hörnchenförmigen Geoden kann man vom Vorhandensein von Gasblasen innerhalb der frischen Eruptivmassen ausgehen. Die Artenvielfalt der auf den Dialer Bohlen zu findenden Mineralien ist sehr beschränkt: Quarz (farblos oder als Amethyst; Eisenkiesel, durch Seladonit grün oder durch Barytpulver orange gefärbt; Rauchquarz, Rosenquarz oder Achat), Calcit, Baryt, Seladonit, Goethit und Pyrit. Dafür aber sind ihr Glanz und ihre Farbintensität vielfach einmalig und von bezaubernder Ästhetik. Meist kommen mehrere der genannten Minerale oder deren Varianten zugleich auf einer Stufe vor und erzeugen somit ein buntes und kontrastreiches Erscheinungsbild. Eine der ansprechendsten Paragenesen wird erzeugt von rasenartig angeordneten Amethystkristallen auf kräftig grün gefärbten Calcitskalenoedern, zwischen denen noch vereinzelte rosa bis orange gefärbte kugelige Barytaggregate bis cm-Größe sitzen. Es können in einer einzigen Geode auch zwei bis drei verschiedene Färbungen des Quarzes auftreten, wobei die Übergänge dann häufig fließend sind. Zu erwähnen aus diesem Gebiet sind noch die Rosenquarze: Sie sind meist lose in der erdig-kreidigen Schicht eingelagert, welche die Felspartien überlagert, können aber auch im anstehenden Gestein vorkommen. Diese Rosenquarze treten vorwiegend in Form von Igeln, Garben oder als Sternquarz auf, sind oft an der Oberfläche matt und nur selten glänzend. Diese Aggregate können Längen bis 15 cm erreichen und bilden dann häufig unregelmäßig verwachsene Gruppen von Garben.
Wenn man weiter talabwärts geht, so wird man an beiden Talseiten Vulkanite erkennen. Diese liefern allerdings nur teilweise Mineralien, weil es sich hier oft um Hyaloklastite, vulkanische Aschen, vulkanische Sedimente oder Pillowbrekzien handelt, die normalerweise keine mineralisierten Hohlräume aufweisen. Mit der Zusammensetzung der Felsformationen verändert sich auch das Spektrum der Mineralien, so dass im mittleren Bereich

Druse mit Rosenquarz. Durontal. Bildbreite ca. 2 cm. (Sammlung Schranzhofer, Foto Mair).

Das Fassa- und Contrintal in einer alten Postkarte aus der Jahrhundertwende. Archiv Grundmann

des Durontales die Zeolithe und allgemein Silikate gegenüber dem Quarz und dem Calcit vorherrschen.

Zu nennen ist dabei vor allem der eher seltene D'Achiardit, welcher hier in neon-orangen, radialstrahlig aufgebauten Halbkugeln bis 3 cm Durchmesser auftritt. Sein Vorkommen ist an das Auftreten von Zwickelfüllungen zwischen den Pillows gebunden, die allerdings in diesem Talabschnitt nicht sehr gut ausgebildet sind. Weiters sind vom Durontal Chabasit (auch in der Drillingsvariante Phakolith), Heulandit, Stilbit, Gismondin, Prehnit, Apophyllit und Analcim bekannt. Die meisten dieser Minerale treten nicht in sehr großen, dafür aber in oft wasserklaren und stark glänzenden Exemplaren auf.

Aus diesem mittleren Abschnitt des Tales sind dem Autor allerdings auch einzelne Geoden bekannt, welche in der Paragenese ganz jenen der Dialer Bohlen gleichen, vom Mutterstein her allerdings leicht unterschiedlich sind. Weil die Pillowstruktur hier nicht immer so eindeutig ausgefallen ist und die Felsen vielfach einen massigen und wenig strukturierten Aufbau haben, lösen sich die Geoden auch nicht so einfach aus dem Fels wie am Dialer. Zusätzlich führen hier Calcit- oder Quarzadern durch den Fels bis zur Geode hin, was am Dialer auch nur äußerst selten der Fall ist.

Bereits im unteren Abschnitt des Durontales befindet sich noch einmal ein Zentrum mineralreicher Felspartien, welche wiederum eindeutig Pillowstrukturen aufweisen. Besonders auffällig ist in diesem unteren Bereich die Größe der Pillows, die jene aus dem oberen Durontal durchschnittlich um ein Vielfaches übersteigt, und das permanente Auftreten von Calcit als Zwickelfüllung zwischen den Kissenlaven und als Ader um dieselben herum. Im Unterschied zu den kleineren Verwandten im oberen Durontal enthalten hier die Pillows selbst sehr selten und dann häufig nur sehr kleine Geoden. Die Mineralien befinden sich meistens in den Zwickelöffnungen.

Das Gestein, aus welchem die Pillows geformt sind, ist im untersten Bereich des Durontales (vor allem in der Gegend von Chiarvena) nicht mehr der grau-bräunliche Augitporphyr, sondern ein grau-grünlicher, eher heller Typ, mit wenigen aber dafür deutlich sichtbaren Augitkristallen bzw. ein brauner bereits ziemlich angewitterter (Lariç, Gabia).

In den mineralisierten Zwickeln lässt sich je nach Fundort eine ganz typische Paragenese feststellen, wobei in diesem Abschnitt wiederum Quarz und Calcit überwiegen und die Zeolithe oder andere Silikate nur an einigen wenigen Stellen (Sofos, Ponjin, Gabia) auftreten. Zwei Fundstellen an der nordöstlichen Seite des Tales sind unter einheimischen Sammlern ob ihrer teilweise eigenwilligen und durchaus auch ästhetisch ansprechenden Paragenesen und Mineralisationen bekannt und beliebt.

Aus jener am Fuße des Plattkofels stammen die einzigen richtigen Geoden des unteren Durontales, welche mitunter beachtliche Ausmaße erreichen können (samt vollem Anfangsteil bis 1,2 m lang!). In den Geoden befinden sich meist größer (1-2 cm) auskristallisierte Quarze, bei denen, ähnlich wie am Dialer, das Prisma fehlt und nur das Pinakoid sichtbar ist. Die Farbe variiert dabei von grau-farblos bis tiefviolett mit einem ausgeprägten Glasglanz. Relativ häufig treten auch Quarzdoppelender auf, bei denen das Pinakoid auf ein Minimum reduziert ist, so dass oft der Eindruck entsteht, es handle sich dabei um Hochquarze. Interessant ist an dieser Fundstelle auch die Paragenese. Als Begleitmineralien treten hier rhomboedrischer Calcit, Goethitnadeln bis zu einem halben Zentimeter, Baryt in kleinen, hellrosa Lamellen und Fluorit auf. Letzterer erscheint sowohl in Form von Kugeln, als auch in hellgrünen, matten und an der Oberfläche rauen Oktaedern, wobei in beiden Fällen Kristallgrößen bis 3 cm angetroffen wurden. Aus derselben Fundstelle sind auch Drusen in den Zwickeln zwischen den einzelnen Pillows bekannt, welche meistens farblosen feinen Traubenquarz, Calcit und wiederum hellgelben bis hellapfelgrünen Fluorit liefern.
Die zweite Fundstelle im Gebiet von Chiarvena liefert eine große Anzahl von Calcitvarianten, welche durchwegs eine kräftige hellrosa Färbung aufweisen. Im besten aller Fälle sind die Calcite auf einer rosa Matrix aus kompaktem Calcit aufgewachsen und selber völlig farblos und bisweilen wasserklar und stark glänzend. Selten ist der Calcit an dieser Fundstelle von etwas Quarz (farblos, rauchig, leicht violett) und kleinen apfelgrünen Fluoritoktaedern begleitet. Wirklich faszinierend ist dabei die Vielzahl an Formen, in denen der Calcit an einer einzigen Fundstelle auftritt. Alltägliche Formen wie Rhomben oder Skalenoeder treten sehr selten oder überhaupt nicht auf. Dafür sind pseudokubische, spitze und langgestreckte flächenreiche Typen sehr häufig, ebenso nadelige Kristalle (bis 7 cm lang bei einem Durchmesser von 1 mm!) oder plattige, die aussehen wie Pseudomorphosen von Calcit nach Baryt oder als Schwalbenschwanzzwillinge auskristallisiert sind wie Gips. Eine „Spezialität" dieser Fundstelle sind schließlich die Kanonenspäte, welche eine Länge bis 4 cm erreichen, bei einem Durchmesser von 1,5 cm. Ihre Farbe variiert von matt gelblich über matt rosa und durchscheinend rosa bis hin zu völlig farblosen, wasserklaren und diamantglänzenden Individuen, die allerdings selten größer als 1,5 cm werden.

Dieses Calcitvorkommen ist ebenfalls an fast handbuchmäßige Pillowlaven gebunden. Sie werden von weitverzweigten Calcitadern umschlossen, die sich in den Zwickeln zu wahrlich großen, unregelmäßig geformten Hohlräumen (Drusen) weiten.
Um das mineralogische Bild des Durontales abzurunden, sei noch auf das alte und mittlerweile seit 100 Jahren erschöpfte Prehnitvorkommen an der Alpe Gabia zwischen Plattkofel und Rodela hingewiesen. Von dieser Fundstelle beschreiben sämtliche Autoren des späten 19. Jahrhunderts Prehnitkonkretionen von doppelter Faustgröße, bestehend aus kugeligen, an der Oberfläche fast glatten, moos- bis gelbgrünen Prehniten, welche denen von der Charlottenwand auf der Seiseralm sehr ähnlich waren. Bereits zum Donatal hinüber reichen die Vorkommen von Chabasit, Stilbit und Prehnit, welche am Ponjin anstehen. Dabei sind der Chabasit und der Stilbit klein aber stark glänzend, der Prehnit hingegen erreicht ansehnliche Größen. Seine Farbe ist auf der Südwestseite des Durontales hellapfel- bis lauchgrün, die Kristalle sind zu kugeligen Gebilden von bis zu 3 cm Durchmesser verwachsen und durchwegs von weißen Calcitwürfeln begleitet. Dieses Vorkommen ist an Melaphyrpartien in den vor Ort anstehenden Pillowbrekzien gebunden.

Das Donatal

Dieses Hochalmental ist wesentlich kürzer und höher gelegen als das Durontal, an dessen Südwestflanke es parallel angrenzt. Die vulkanischen Formationen erstrecken sich von der niedrigsten

Große Prehnitstufe in kugeligen Aggregaten, Gabia, Durontal. Bildbreite ca. 10 cm. (Sammlung Vincenzo Riz, Campitello, Foto Schönegger).

Alm (Fostjac) auf ca. 1900 m Seehöhe bis nach Uday/Kamerloy am Talende auf etwa 2300 m Seehöhe. Ähnlich wie im benachbarten Durontal wechseln auch hier Pillowlaven mit Pillowbrekzien, Hyaloklastiten und Tuffen ab, wobei leider nur geringe Teile der gesamten Vulkanitmasse mineralführend sind. Trotzdem weisen die Vulkanite, durchwegs Augitporphyre und ähnliche Gesteine, wenn man von den nichtvulkanischen Gesteinen der obersten und untersten Talstücke absieht, ein breitgefächertes Sortiment an Mineralien

Oben: Laumontit. Fostjac, Dona. Bildbreite ca. 1.5 cm (Sammlung Lorenz, Foto Mair).

Rechts: D'Achiardit, Ciampai, Durontal. Durchmesser der Rosette ca. 2 cm (Sammlung Schranzhofer, Foto Schönegger).

auf, welches vom gediegenen Kupfer bis zum Chabasit reicht. Bisher wurden 23 verschiedene Mineralarten nachgewiesen, welche an die Vulkanite gebunden sind. Trotz der Artenvielfalt und den häufig von Fundstelle zu Fundstelle sehr eindeutigen Habitus- und Trachtvarianten ist dieses Gebiet von den Sammlern nicht übertrieben abgesucht. Ein Grund dafür mag wohl sein, dass etliche Fundstellen nur einheimischen Sammlern bekannt sind und dementsprechend schwer zugänglich; ein weiterer und sicher gewichtiger Grund liegt in der Erscheinungsform der meisten dieser Mineralien, die vielfach in sehr kleinen, wenn auch ästhetisch ansprechenden Kristallisationen auftreten.

Das ertragreichste Gebiet liegt in der Umgebung der Alm Fostjaç am Beginn des Hochtales. Dort wechseln sich Hyaloklastite, vulkanische Brekzien und Augitporphyre ab, wobei die mineralführenden Felsen oft von den nicht mineralführenden zugedeckt sind und somit die Suche nicht unwesentlich erschwert wird. Jedenfalls treten in diesem Fundgebiet bereits 22 der 23 bekannten Minerale auf. Nur eines (Skolezit) scheint ausschließlich von der hinteren Talpartie (Uday) bekannt zu sein. Im Folgenden eine Auflistung dieser Mineralien, von denen dann einige noch näher vorgestellt werden sollen. Bis auf den heutigen Tag sind bekannt: Gediegen Kupfer, Pyrit, Hämatit, Quarz (gem. Quarz, Amethyst, Milchquarz, Rosenquarz, Eisenkiesel, Traubenquarz, Chalcedon), Goethit, Calcit, Malachit, Datolith, Pumpellyit, Augit, Hornblende, Prehnit, Apophyllit, Rubellan, Analcim, Natrolith, Skolezit, D'Achiardit, Mordenit, Laumontit, Heulandit, Stilbit, Chabasit.

Ähnlich wie im Durontal haben wir auch im Donatal eine große Vielfalt an Quarzvarianten und auch die typische Paragenese mit Calcit. Damit wären die Ähnlichkeiten allerdings auch schon fast vollständig aufgezählt. Es fällt die weitaus größere Anzahl an Zeolithen und Silikaten auf (2/3 der gesamten Paragenese). Von daher rührt auch die Tatsache, dass die häufigste Paragenese aus Quarz + Calcit + Silikat/Zeolith besteht, während im Durontal die häufigste Paragenese Quarz + Calcit + Goethit + Baryt/Fluorit ist. Noch ein Unterschied besteht zu den Vorkommen im Durontal: wenn dort als Mineralisationsform die Geoden im Vordergrund stehen, so spielen sie im Donatal nur eine untergeordnete Rolle. Die meisten Mineralien kommen aus Drusen, aus sogenannten Melaphyrmandeln oder aus Adern, die die Felsen durchziehen. Schlußendlich ist die äußere Erscheinungsform aller Minerale des Donatales durch Tracht und Habitus, Farbe, Glanz und Paragenese unverkennbar und ortstypisch.

Die folgende etwas eingehendere Beschreibung einiger Mineralien aus dem Donatal sollte auch die Möglichkeit eines Vergleiches mit jenen des Du-

rontales und aus der Bufauregruppe bieten.
Ein einziges Belegstück ist dem Autor aus der eigenen Sammlung bekannt, wo ein ca. 2 mm² großes Kupferblech den Kristallisationskern eines milchigen, verwitterten Amethyst-Igels bildet. Der Quarz ist gewiss nicht das auffälligste Mineral dieses Fundgebietes, er ist aber fast allgegenwärtig. Bisher konnte er in sieben Varianten nachgewiesen werden, von denen jedoch keine größere Kristalle aufweist. Er zeigt sich meist in Form von Rasen oder traubigen Aggregaten, bei denen hauptsächlich die Rhomboederflächen hervortreten, während die Prismenflächen fast verschwinden. Interessant ist jedoch die häufig wiederkehrende Vergesellschaftung mit Chabasit und Heulandit, Hornblende und Laumontit, wobei der Quarz durchwegs auch Amethyst sein kann und nicht notgedrungen der gemeinen Variante entsprechen muß. Der ästhetische Effekt ist bei solchen Stufen garantiert, auch wenn die Mineralisation meist sehr klein, aber doch nicht im Mikrobereich ist. Ähnlich häufig wie im Durontal oder auf Do le Pele in der Bufaure-Gruppe ist auch hier der Calcit, jedoch gibt es nicht eine Kristallisationsform, welche von den anderen Gebieten her bekannt wäre. Es scheint fast, als hätte das Allerweltsmineral Calcit es sich zum Vorsatz gemacht, im gesamten Gebiet der Fassaner Vulkanite sehr häufig vorzukommen, aber durchwegs in ortstypischer Ausformung, um seinem Ruf als formenreichstem Mineral gerecht zu werden. Mehrheitlich zeigt sich der Calcit im Donatal in pseudokubischer Form mit Kantenlängen bis zu 15 mm. Die Kristalle sind je nach Fundstelle scharfkantig oder abgerundet. Die scharfkantigen Individuen weisen nicht selten seidigen bis glasigen Glanz auf, sind milchigweiß bis durchscheinend und an der Oberfläche durch verschiedene Ätzfiguren gekennzeichnet. Daneben treten auch pseudooktaedrische, vielflächige und skalenoedrische Typen auf. Alle diese sind gelblich, weisen kaum Glanz auf und erreichen Größen bis zu 2 cm. Ein bisher einzigartiger Fund im Jahre 1989 brachte die wohl größten in diesem Gebiet gefundenen Calcitkristalle ans Tageslicht. In einer über 2 m langen, hauptsächlich Laumontit führenden Druse kamen mehrere Calcite mit Kantenlängen zwischen 7 und 10 cm zum Vorschein und dazu ein grob würfelförmiger, gelblich durchscheinender und matt seidenglänzender Kristall mit einer Kantenlänge von 14 mal 16 cm. In zwei Varianten erscheint der Apophyllit – je nach Gestein, in dem er sich gebildet hat: Im klassischen Augitporphyr in Geoden, vergesellschaftet mit Laumontit, Calcit und Quarz bzw. in kleinen mandelförmigen Öff-

Rosafarbener Mordenit, Fostjac, Dona. Bildbreite ca. 1.2 cm (Sammlung Lorenz, Foto Mair).

nungen eines sog. „Mandelmelaphyrs", der hier einer sehr harten, dunkelgrauen Variante des Augitporphyrs mit hohem Glasanteil entspricht. Die Kristalle in den Geoden erreichen eine maximale Höhe von 1 cm, weisen tafeligen Habitus auf, sind meist milchig und weisen an der Schmalseite Diamantglanz auf. Das zweite Vorkommen erbringt nur sehr kleine, flach langprismatische Individuen, welche hochglänzend sind und eine Größe von 0,5 bis 2 mm aufweisen. Der für die Seiseralm und das Bufaure-Gebiet typische Analcim ist im Donatal als Seltenheit einzustufen. Die Kristalle werden bis zu

Calcit als Kanonenspat. Chiarvena, Duron. Kristallhöhe ca. 2.5 cm (Sammlung Lorenz, Foto Mair).

3 cm groß, sind rosa bis rot gefärbt und weisen meist glänzende Flächen auf. Die häufigste Paragenese ist jene mit Chabasit und Hornblende. Von den Zeolithen scheinen vier von besonderem Interesse. Der Laumontit ist dabei eines der häufigsten Minerale des Donatales, kommt dafür in den übrigen Vulkaniten des Fassatales kaum bis überhaupt nicht vor. In Form winziger, weiß-rosaroter Kristalle scheint er auf fast allen Stufen aus gewissen Fundpunkten auf. Die Begleitminerale sind Quarz, Calcit, Chabasit, Apophyllit, Heulandit und Hornblende. Neben diesem eher paragenetischen Auftreten des Laumontits kommt er auch in wunderbaren Makrostufen vor. Der bisher größte Laumontitfund gelang im Jahre 1989 aus demselben Loch, aus welchem auch die obgenannten großen Calcitkristalle geborgen wurden. Neben mehreren Schwimmern aus reinem Laumontit mit bis zu 1 cm langen, säuligen Kristallen lag eine Platte mit den Ausmaßen von 20 x 22 cm mit cm-langen säuligen Laumontitkristallen, Chabasit, Calcit und Hornblende. Dieser Laumontit ist durchwegs hellrosa bis pfirsichfarben, stark seidenglänzend und zerfällt ohne Behandlung binnen weniger Tage zu weißem Pulver. Anders als der „klassische" Heulandit von ziegelroter Farbe, wie er von Do le Pele und den angrenzenden Gebieten bekannt ist, tritt er im Donatal an mehreren Stellen in Form von 1-2 mm großen, durchsichtigen, farblosen, stark glänzenden Kristallen auf. Begleitet wird er häufig von Traubenquarz, Calcit und Hornblende. Als typischer Vertreter der Zeolithe ist auch der Stilbit nicht selten anzutreffen und dies gleich in drei verschiedenen Formen. An einer Fundstelle erscheint er in der typischen Garbenform, durchscheinend, gelblich-weiß, glänzend in bis zu 3 mm hohen Aggregaten und in dünnen Täfelchen, durchsichtig und kaum mehr als 1 mm groß. Eine dritte Variante vom Fuße des Ponjin/Fostjaçalm zeigt tafelige rosarote, seidenglänzende und bis 5 mm hohe Kristalle. Neben Quarz, Laumontit und Calcit ist der Chabasit eines der häufigsten Minerale des Donatales. Die größten Individuen erreichen Kantenlängen von bis zu 7 mm. Die Kristalle sind durchwegs wasserklar, diamantglänzend, würfelförmig, manchmal rötlich, ansonsten farblos. Ähnlich wie im Durontal, aber nicht im Bufaure-Gebiet, tritt auch hier recht häufig die Drillingsbildung des Chabasits auf, der Phakolith. Seine Größe variiert zwischen 2 und 10 mm, die Färbung von wasserklar über gelblich bis rot. Die Paragenesen zeigen verschiedenste Kombinationen mit Quarz, Calcit, Hornblende, Mordenit, Analcim, Heulandit, Laumontit und Stilbit.

Wie es für die Vulkanite des Fassatales sehr häufig ist, überwiegen auch im Donatal neben Quarz und Calcit die Zeolithe, wobei von den 13 für das Fassatal nachweisbaren Vertretern dieser Gruppe immerhin 8 aufscheinen. Außer dem Prehnit, dem Apophyllit und der Hornblende, welche an bestimmten Orten des Donatales sehr häufig auftreten, sind die restlichen Minerale eher nur Begleiterscheinungen, wenn auch nicht selten von eigenem ästhetischen Wert.

Die Bufaure-Gruppe

Mit dem Namen Bufaure-Gruppe wird ein an sich relativ weitläufiges und von mehreren Hochtälern gebildetes Gebiet mit den dazugehörigen Berggipfeln umschrieben. Das gesamte Areal befindet sich östlich des Baches Avisio und wird im Westen und Nordwesten vom mittleren und oberen Fassatal begrenzt, im Osten vom Contrintal, im Süden von der Costabella-Gruppe und im Südwesten vom Val San Nicolò. So weitläufig das gesamte Gebiet ist, so unterschiedlich sind auch die darin vorkommenden Mineralien. Das vorherrschende Gestein ist immer noch der graue bis schwärzliche Augitporphyr, manchmal als kompakter und massiver Fels, manchmal als Pillowlava auftretend. Dazwischen wechseln auch hier Lagen von Hyaloklastiten, Pillowbrekzien, Tuffen und basaltähnlichen, säuligen Gesteinspartien. Wie bereits im Duron- und im Donatal sind auch hier die Mineralvorkommen hauptsächlich an das Auftreten von Pillowlaven und Melaphyren gebunden, wobei es in einigen Fundgebieten (Çampaç und Do le Pele) schwer fällt zu bestimmen, ob häufiger Geoden oder doch Drusen die Minerale bergen. Beide Formen kommen nämlich häufig und vielfach in prächtiger Ausführung vor. Es gibt zwar einzelne Felspartien, wo Geoden den Ton angeben, aber meistens treten beide zugleich auf. Im idealen Fall beherbergen die Pillows in ihrem Inneren eine Geode, und außen und in den Zwickeln sind sie von Drusen umgeben. Das Fundgebiet reicht von sanften Almmatten (Jumela, Çampaç, Çamol und Grepa) über steile Felsrinnen und Grashänge (Bufaure, Val San Nicolò) bis hin zu wilden Talkesseln mit extrem steilen Hang- und Felspartien (Do le Pele). Obwohl das Gebiet durch zwei große Liftanlagen (Çampaç – Sela Brunech und Bufaure – Col de Valvacin) erschlossen ist, so ist es doch von den drei vorgestellten Fundgebieten aufgrund seiner Weitläufigkeit das einsamste und wildeste. Die hier nachgezeichnete Begehung des gesamten Gebietes läuft gegen den Uhrzeigersinn und wird die wichtigsten Fundstellen und ihre markantesten Mineralien streifen. Insgesamt wurden bisher im ganzen Gebiet folgende Mineralien nachgewiesen: Heulandit, Mordenit, Laumontit, Apophyllit, Prehnit, Natrolith, Analcim, Calcit, Seladonit, Quarz (gem. Quarz, Amethyst, Rauchquarz, Rosenquarz, Eisenkiesel, Chalcedon, Achat, Jaspis, Heliotrop, Carneol und verschiedenen Pseudomorphosen von Quarz nach Analcim, Apophyllit und Zeolithen), Augit, Datolith, Stilbit, Phillipsit, Harmotom, Skolezit, Opal (?), Rubellan, Wollastonit (?), Fluorit, Thomsonit, Mesolith, Pektolith, ged. Kupfer, Pyrit, Baryt, Gips, Goethit, Hämatit. Obwohl etliche Mineralien auch im Duron- und Donatal vorkommen, so sind doch diese von der Bufaure-Gruppe nicht mit den anderen zu verwechseln. Auch lassen sie sich in Bezug auf die Ästhetik nicht mit den anderen vergleichen, da sie dafür zu grundverschieden sind. Was auf den ersten Blick auffällt, ist die meist von den Dimensionen der Stufen, aber auch der Kristalle her größere Ausbildung der meisten Mineralien im Vergleich zu den vorher beschriebenen Gebieten. Dafür kön-

Oben: Heulandit in typischer Aggregatform, Sammlung Tone Rizzi, Foto Schönegger.

Unten: Barytrosette. Do le Pale. Durchmesser der Rosette ca. 2 cm (Sammlung Lorenz, Foto Mair).

nen die Quarze nicht mit der Farbenpracht und dem Glanz jener vom Dialer mithalten oder die Zeolithe nicht mit der Perfektion in der Ausbildung, Komplexität der Paragenese und dem Glanz jener vom Donatal. So kann man sagen, dass jedes der großen Fundgebiete eigene Vorzüge und unverwechselbare Eigenheiten aufweist.

Der Bufaure ist eine der niedrigsten Fundstellen des gesamten Gebietes, da er sich bereits auf ca. 1800 m Seehöhe befindet. Er ist seit etwa 200 Jahren für seine schwarzen, bis 2 cm großen Augitkristalle bekannt. Diese sitzen verstreut im kompakten, braun-grauen Augitporphyr und lösen sich beim Aufschlagen desselben recht leicht vom Mutterstein. An sich ist der Augit in den Vulkaniten des Fassatales gesteinsbildend, aber nur an dieser Stelle tritt er in schön kristallisierten Individuen auf. Weiter das Val San Nicolò einwärts kann man in den steilen Wiesenhängen von Masonade kleine, schön weiß/rot gestreifte Achate finden. In alten Sammlungen sind aus dieser Gegend auch noch sehr schöne porzellanweiße, bis hühnereigroße Analcime bekannt. Als Begleitmineralien treten Calcit, Apophyllit und Natrolith auf. Im Val San Nicolò befindet sich auch der Col da Lares, von dem Georg Gasser schreibt, er wäre ein Fundort für Natrolith, Prehnit und Analcim in gut ausgebildeten Kristallen und interessanten Paragenesen (Prehnit als Tröpfchen auf Natrolith), was vom Autor bis heute allerdings nicht mehr nachgewiesen werden konnte.

Im Osten des Val San Nicolò grenzt die Hochalm von Çampaç an. Seit langem ist der felsige Talabschluß bekannt für seine z.T. riesengroßen Geoden. Leider sind die meisten davon massiv, doch sobald sie einen nur kleinen Hohlraum beinhalten, dann sind die Quarzkristalle meist sehr groß und kräftig violett gefärbt. Die wohl größten Geoden wurden beim Bau der Bergstation des Sessellifts an der Sela Brunech im Jahre 1990 ans Tageslicht gebracht. Einzelne Exemplare der häufig kugelrunden Gebilde erreichten einen Durchmesser von ei-

Oben: Skolezit von Sot i Sas, Mazzin. Sammlung Ganz.

Rechts: Hübsche Geode mit Eisenkiesel, Calcit, Seladonit und Bergkristall vom Drio le Pale, 20 cm groß. Sammlung Moroder, Foto Schönegger.

nem Meter. Dabei ist zu sagen, dass mit der Größe der Geoden die Wahrscheinlichkeit, dass sie hohl sind, abnimmt. Die Rinde derselben besteht aus gesundem Quarz, ist glatt und löst sich sehr leicht vom umgebenden Pillow aus Augitporphyr. Interessant ist die Feststellung, dass außer gem. Quarz und Amethyst kaum andere Mineralien in den Geoden vorkommen. Anders verhält es sich mit den auch recht häufigen Zeolithen Chabasit und Mordenit, welche in den anstehenden Felsen in Nestern und Adern vorkommen. Mitunter die schönsten Chabasite des Fassatales stammen von hier, besonders dann, wenn sie rot eingefärbt sind und Größen bis 1 cm erreichen. Wie für die Geoden war auch für den Mordenit die Bautätigkeit im Jahre 1990 der beste Moment für wirklich große und ansprechende Stufen mit cm-langen filzigen, rosaroten Mordenitrasen zusammen mit bis 7 cm langen Apophyllittafeln von hellrosa Farbe. Die Minerale waren in einen gelblichen derben Calcit eingebettet und mußten erst mit Säure behandelt werden. An dieser Stelle sei noch ein verspäteter Dank dem Baggerfahrer ausgesprochen, der sich auf 2400 m Seehöhe noch die Mühe machte, mineralführende Gesteinsbrocken für Sammler auf die Seite zu legen.

Von der Sela Brunech westwärts steigt das Jumelatal ab, welches an mehreren Stellen mineralführende Felspartien aufweist. Besonders begehrt unter den lokalen Sammlern sind die roten bis orange, fleckig gefärbten Analcime vom Sas d'Adam, die in Drusenräumen des Augitporphyrs auftreten. Sie erreichen Größen bis 5 cm und werden häufig von Eisenkiesel begleitet. Eine Besonderheit stellen die in kleinen, schmalen Klüften eines braunen Augitporphyrs eingewachsenen Harmotom- oder Phillipsitkristalle dar, welche allerdings kaum über 2 mm Länge erreichen. Im 19. Jh. war dieses Tal auch für seine Amethystgeoden berühmt, welche heute leider sehr selten geworden sind. Als Seltenheit finden sich in Adern und Drusen weiße bis farblose Heulanditkristalle bis 1,5 cm Höhe, wo üblicherweise in diesem Gebiet der Heulandit durchaus ziegelrot gefärbt ist.

Wenn man von der Sela Brunech nord-westwärts geht, so erreicht man über einen 2500 m hohen grasbewachsenen Bergrücken das Çamoltal. In den Hohlräumen und Zwickeln einer sehr harten Pillowbrekzie finden sich die sog. Tre-Puntei-Analcime. Es handelt sich dabei um Analcimkristalle, an deren Kristallform neben dem Ikositetraeder auch der Würfel beteiligt ist, womit es an den Ecken zur Bildung von dreikantigen Partien kommt. Diese Analcime weisen meist eine mehr oder weniger kräftige rosa Färbung auf, sind scharfkantig und tragen einen porzellanartigen Glanz. Die größten Individuen erreichen Kantenlängen bis zu 3 cm. Als Begleitmineralien treten noch Datolith, Baryt, Apophyllit und gem. Quarz auf.

Den Abschluß unserer Rundwanderung bildet, da wir das Grepatal aus mineralogischer Sicht ruhig übergehen können, das Fundgebiet von Do le Pele, welches wohl das abgesuchteste von allen in der Bufaure-Gruppe ist. Aber nicht zu Unrecht, denn es ist auch das ergiebigste, weil der Kessel, der es bildet, die Vulkanite in einer Serie von 600 Höhenmetern fast durchgehend aufgeschlossen hat. Je nach Seehöhe der Fundstelle wechseln die Mineralien, die Paragenesen oder einfach nur die Fundmöglichkeiten. Ohne ins Detail gehen zu wollen, da es den Rahmen dieses Artikels sprengen würde, lässt sich jedoch sagen, dass die mineralisierten Zonen sowohl eine horizontale wie auch eine vertikale Abfolge aufweisen. In diesem Fundgebiet treten fast alle Mineralien auf, die im allgemeinen Teil aufgelistet wurden. Viele davon in sehr guter Qualität und teilweise in beeindruckender Größe. Dem Autor sind völlig mit wasserklaren Quarzen und gelblichen Calcit-Rhomboedern auskristallisierte Geoden von 1 m Länge und über 100 kg Gewicht bekannt. Selbst Amethystgeoden mit einem halben Meter Länge und 30 cm Breite, gefüllt mit 5 cm breiten und

Transparente Analcimkristalle von der Alpe Jumela. Sammlung Ganz, Foto Schönegger. Bildausschnitt 8 cm.

SCHÖNE HEULANDITKRISTALLE - DRIO LE PALE.
SAMMLUNG GANZ, BILDBREITE 8 CM.

FASSAITKRISTALL (3 CM) – MONZONI.
SAMMLUNG TONE RIZZI, VIGO DI FASSA.

PRACHTVOLLER ILVAITKRISTALL (3 CM) – MONZONI
SAMMLUNG ORESTE GANZ, FASSATAL

ANORTHIT (BILDAUSSCHNITT 5 X 5 CM) – MONZONI
SAMMLUNG ORESTE GANZ

Erlesene Höhepunkte aus dem Fassatal

GROSSER SPINELLKRISTALL (1,5 CM KRISTALLGRÖSSE)
MONZONI - SAMMLUNG ORESTE GANZ

VESUVIAN (4 X 3 CM) – MONZONI
SAMMLUNG TONE ZULIAN

Blick von der Alpe Jumela über die vulkanischen Abhänge nach Norden.

entsprechend hohen Kristallen, sind keine Seltenheit oder serviertellergroße Traubenquarzplatten mit Calcit, Baryt und Analcim aus großen Drusen zwischen den Pillows. Als Seltenheit tritt in manchen Quarzgeoden auch apfelgrüner Fluorit in oktaedrischer Ausbildung auf. Bei Systematikern begehrt sind Stufen mit farblosem, wasserklarem Phillipsit in Paragenese mit Eisenkiesel und rötlichem Analcim oder bis 5 cm große Pseudomorphosen von Quarz nach würfeligem Apophyllit.

Kein Enzian, aber eine der seltenen Eiszeit-Reliktpflanzen aus den Dolomiten. Die Dolomiten-Glockenblume blüht nur auf den ausgesetzten Graten dieses kleinen Gebietes. (Endemische Pflanze)

Seit bald 200 Jahren berühmt ist diese Fundstelle allerdings wegen der ziegelroten, bis 4 cm großen Heulanditkristalle, welche in fast allen musealen Sammlungen Europas enthalten sind. Neben dem Quarz mit all seinen Varianten und Erscheinungsformen ist der Heulandit das zweithäufigste Mineral dieses Fundgebietes. Zumal er nicht nur in tafeligen, blättrigen Aggregaten erscheint, sondern in etwas selteneren Fällen in Geoden auch als rosettenartige Gebilde von bis zu 3 cm Durchmesser. Spektakuläre Stufen lieferte auch das Mineral Analcim, als in den 1980er Jahren eine Druse mit wasserklaren grünen oder rosa gefärbten Kristallen auf Traubenquarzplatten geöffnet wurde. Einzelne dieser Analcime erreichten einen Durchmesser bis 5 cm, bei unverminderter Qualität in Bezug auf Transparenz, Farbe und Glanz. In den tieferen Regionen des Kessels scheinen Silikate zu überwiegen, wobei die Zeolithe nicht die Hauptgruppe bilden, wie z.B. im Donatal. Sehr gut ausgebildet sind der Prehnit in kugeligen, lauchgrünen, glasglänzenden und durchscheinenden Aggregaten bis 2 cm Durchmesser, der Natrolith in armdicken Rollen mit zum Teil freistehenden Nadeln von zarter rosa Farbe. Auch in diesem Abschnitt wiederum vorhanden ist der Analcim, welcher hier rote oder orange Töne annimmt, während er in höheren Lagen meist weiß oder rötlich ist.

Abschließend sei die mineralgenetisch interessante Feststellung angebracht, dass alle von Do le Pele bekannten Mineralien sowohl in Geoden als auch in Drusen, Bändern oder Nestern vorkommen.

Der Plutonit vom Monte Mulat bei Predazzo

Ein Meilenstein geologischer Forschung

Fast am nördlichen Ende des Fleimstales, dort wo das Tal sich in Travignolo- und Fassatal verzweigt, liegt die Ortschaft Predazzo auf ca. 1000 m Seehöhe. Während sich der Großteil des Dorfes am flachen Talgrund im Zwickel zwischen den zwei genannten Talmündungen befindet, liegen die nördlichsten Häuser, Ortsteil Poz, bereits auf den Ausläufern des Monte Mulat, der die zwei Täler geographisch trennt. Obwohl der geologische Aufbau dieser Gegend und seine genaue Entstehungsweise noch nicht restlos geklärt sind, lassen sich doch einige sehr genau unterscheidbare Gesteinsformationen abgrenzen.
Der Sockel des Mulat besteht demnach aus einem rötlichen Granit, der verschieden grobe Körnungen und Strukturen aufweist. Dieser rosa Granit läuft auch noch an der orographisch rechten Bachseite des Avisio kurz vor Predazzo und an einer Stelle an der Basis der Felskuppe der Malgola auf der orographisch linken Bachseite des Travignolo Baches ebenfalls kurz vor Predazzo aus. Auf diesen folgt dann, am Monte Mulat, in 1300 – 1400 m Seehöhe ein rötlicher, grauer bis schwarzer Aufbau, welcher, obwohl er eine teils recht unterschiedliche Zusammensetzung aufweist, gemeinhin als Monzonit bezeichnet wird. Dieser Aufbau reicht großteils bis in die Gipfelregion des Monte Mulat auf ca. 2000 m Seehöhe. Er setzt sich aus Monzoniten, Gabbros, turmalinführenden Graniten, Monzogabbros, Syeniten, Klinopyroxeniten u.ä. zusammen. Das Primärmagma, aus welchem sich im Verlauf der Abkühlung der Magmakammer die obgenannten Gesteinstypen herausdifferenzierten, scheint gabbroid gewesen zu sein. Diese augit- und plagioklasreichen Gesteinsmassen werden teilweise von vererzten Gängen durchschlagen (Bergwerk La Bedovina und Santa Maria di Viezena). Da dieser spätladinische, rund 230 Millionen Jahre alte Plutonitkörper in bereits vorhandene Gesteine eindrang (Permische Porphyre und Sedimente, Werfener Schichten, Marmoladakalk etc.), waren diese alle einer sehr langen Erhitzung ausgesetzt und wurden somit langsam kontaktmetamorph umgewandelt. Dieser Vorgang zeigt sich am deutlichsten auf dem höchsten Grat des Mulat zwischen 1900 und 2100 m Seehöhe in nordöstlicher Richtung zur Punta di Viezena hin. Dort sitzen Lagen von grau-grünlichen und grau-bräunlichen, kontaktmetamorph veränderten Gesteinen und völlig in grobkörnigen Marmor umgewandelten Kalken auf.
Für den Mineraliensammler ist der gesamte Gebirgsstock des Mulat von Interesse. In diesem Beitrag soll jedoch nur auf den granitischen Sockel näher eingegangen werden, aus welchem eine Reihe von zum Teil sehr gut kristallisierten Mineralien bekannt geworden sind.

Der rosa Granit vom Monte Mulat

Der Granit ist ein in der Region Trentino-Südtirol an sich nicht sehr seltenes Gestein, wenngleich man jenen von Predazzo wegen seiner rötlichen Färbung als eine Ausnahme für unser Gebiet betrachten kann. Was ihn aber, im Unterschied z.B. zum Brixner Granit, ganz sicher hervorhebt, ist sein für unsere Verhältnisse ausgesprochener Mineralreichtum. Damit ist allerdings nicht so sehr die Vielzahl an verschiedenen Mineralien gemeint als vielmehr die relative Dichte von mineralisierten Hohlräumen größeren und kleineren Ausmaßes. Schon beim bloßen Hinsehen fallen dem Betrachter die kleinen und großen runden schwarzen Flecken auf, welche auf eingelagerte radialstrahlige Schörlaggregate zurückzuführen sind. Sehr gut kommen diese Turmalinsonnen zur Geltung, wenn der Granit als Baustein oder Bodenbelag geschnitten und poliert wird – z.B. in der Bozner Pfarrkirche, wo die schwarzen Flecken auf den Bodenplatten auf den ersten Blick allerdings eher an zertretene Kaugummis erinnern als an Turmalin.
Von der Verwendung des Granits von Predazzo als Baumaterial zeugen auch die vielen kleinen und großen, nunmehr restlos aufgelassenen Steinbrüche an den Flanken des Monte Mulat. Gerade aus diesen Steinbrüchen stammten auch die ersten Belege für mineralisierte Hohlräume in Form von ansehnlichen Quarz-, Orthoklas- und Turmalinstufen, wie bereits Georg Gasser zu Beginn des 20. Jahrhunderts schrieb. Diese drei Mineralien, besonders Quarz und Turmalin, eher untergeordnet der Orthoklas, sind die Leitmineralien dieses Gesteins und somit auch in der Mineralparagenese am häufigsten anzutreffen.
Die mineralisierten Hohlräume des Granits von Predazzo zeigen sich in zwei Varianten: a) Miarolen, d.h. unregelmäßige, in Pegmatiten eingela-

gerte Höhlungen und b) Geoden, kugelige Gebilde, ohne sichtbare pegmatitische Veränderung im umgebenden Granit eingeschlossen. Die pegmatitischen Partien reichen von ganz kleinen Störungen mit einigen cm^2 Fläche bis zu großen Körpern von einigen Metern Länge und bis zu einem Meter Breite. Diese Schlieren haben großteils längliche Form und sind meist isoliert in den Granit eingebettet, bilden also keine pegmatitischen Gänge, sondern sind eher als Intrusionen oder lokal begrenzte Störungen zu bezeichnen. Ohne genauere statistische Erhebungen ist zur Zeit nicht bestimmbar, welche Paragenesen oder Mineralien typisch oder ausschließlich in der einen oder anderen Erscheinungsform vorherrschen. Sicher ist nur, dass sowohl die Leitmineralien als auch die meisten akzessorischen Mineralien in beiden Mineralisationstypen auftreten. Aus eigenen Beobachtungen des Autors scheint teilweise eine horizontale Verteilung gewisser Mineralien in Bezug auf den gesamten Granitkörper vorhanden zu sein. So ist z.B. der Fluorit in den untersten Lagen vom Bachbett des Avisio etwa 100 Höhenmeter bergauf relativ häufig anzutreffen, während er in den höheren Bereichen kaum mehr auftritt. Zudem fällt eine farbliche Differenzierung des Fluorits je nach Höhe des Fundpunktes auf: Während in den tieferen Lagen durchwegs violette Varianten (höchstens bläuliche) vorkommen, so sind die wenigen bekannten Fluorite aus höheren Fundpunkten durchwegs hellgelblich oder blaß blau-grünlich.

Das Auftreten von Geoden oder pegmatitischen Schlieren scheint nach dem heutigen Stand der Kenntnisse keiner besonderen Ordnung innerhalb oder Beschränkung auf bestimmte Teile des Granitkörpers unterworfen zu sein. Die Fundberichte lassen höchstens die Feststellung zu, dass die größeren Exemplare der Geoden in den unteren Bereichen anzutreffen sind. Allerdings gibt es weiter oben am Berg keine so tiefen Aufschlüsse durch Sprengarbeiten wie im Ortsteil Poz, der in den Granit hineingebaut wurde. Die größten Geoden fanden sich folglich zum Großteil vor etwa zehn Jahren in der Folge von Sprengarbeiten für den Aushub von Hausfundamenten im Ortsteil Poz von Predazzo. Sie erreichten oft einen Durchmesser bis zu 40 cm und waren entweder hohl und mineralisiert oder mit Calcit gefüllt, unter welchem die Kristalle verborgen waren. Da es sich um eine Bauzone handelte, ist diese Fundstelle mittlerweile versiegelt und somit nicht mehr zugänglich.

Ein äußerlich erkennbarer Unterschied besteht auch darin, dass die Geoden scheinbar sowohl im gleichmäßig und fein gekörnten, kompakten und glatt brechenden Granit als auch im lagig und grobkörnig unregelmäßig strukturierten Fels auftreten. Wogegen die größeren pegmatitischen Schlieren scheinbar an die grobkörnig und unregelmäßig zusammengesetzten Granitpartien beschränkt sind. Vielfach zeigt der Granit, in dem sich die Miarolen befinden, eine blumenkohlartig angewitterte Oberfläche.

Neben den bereits erwähnten Leitmineralien (Quarz, Schörl, Orthoklas) gibt es eine Reihe von akzessorischen Mineralien, die z.T. auch nur mikroskopisch klein auftreten können: Fluorit, Pyrit, Chalkopyrit, Calcit, Ankerit, Scheelit, Molybdänit, Malachit, Apatit, Synchisit, Ankylit und Magnetit. Die Paragenese, soweit bis dato untersucht, zeigt sich eher bescheiden, wenn man an die Funde in den rosa Graniten von Baveno oder Sardinien denkt. Die Unterschiede zu diesen klassischen Fundstellen zeigen sich auch im äußeren Erscheinungsbild der Mineralien: sie sind auch für weniger geübte Betrachter nicht mit jenen von den klassischen Fundstellen zu verwechseln. Das soll nicht heißen, dass sie weniger interessant oder „schön" wären, sondern eben grundlegend anders. Was im Vergleich sofort auffällt, ist das insgesamte Vorherrschen von dunkleren Farbtönen. Weiters fehlen, soweit dem Autor bekannt,

Rosafarbener Hochquarz aus einer Druse von Viezena. Breite der Stufe ca. 3 cm (Sammlung Lorenz, Fotos Mair).

8 cm großer Orthoklaskristall. Monte Mulat, Predazzo. Sammlung Ganz, Foto Schönegger.

durchsichtige Kristalle von Quarz oder auch anderen Mineralien, und die Paragenese an sich ist durch die Allgegenwärtigkeit des schwarzen Turmalins geprägt. Um ein klareres Bild über das Aussehen der einzelnen Minerale zu ermöglichen, folgt nun eine kurze Beschreibung der wichtigsten Typen und ihrer Erscheinungsform.

Quarz

Seine häufigste Erscheinungsform sind milchigweiße, glasglänzende Individuen, die in den Geoden kaum über 5 cm lang werden. Aus den Miarolen sind dem Autor auch bis 30 cm lange und armdicke Kristalle bekannt, die aus Platzmangel allerdings schlecht ausgebildet waren. Diese großen Kristalle sind dann häufig auch von Turmalinsonnen teilweise oder fast flächendeckend überwachsen, was nicht immer zur Verschönerung der Stufe beiträgt. Die durchschnittliche Größe der Quarze liegt im allgemeinen bei 1-3 cm. Besonders diese Milchquarze weisen einen artischocken- oder kappenartigen Aufbau auf, der sie nach oben hin verdickt. Nicht selten sind in diese dann auch Turmalinnadeln ein- oder aufgewachsen, was eine sehr ästhetische Wirkung erzeugt. Relativ oft, jedenfalls öfters als in den Miarolen, sind in den Geoden Amethyste eingeschlossen, die meistens eine helle Tönung aufweisen und ebenfalls stets undurchsichtig erscheinen. In den Geoden, die am Poz gefunden wurden, traten vereinzelt auch szepterähnliche Verwachsungen auf, die bis zu 5 cm Gesamthöhe erreichten. In den Miarolen kommen nur sehr sporadisch Amethyste vor, und dann sind sie sehr hell und ungleichmäßig gefärbt. Dies kann so weit gehen, dass bei einem Doppelender eine Spitze eine leichte violette Färbung aufweist, die andere eine lauchgrüne.
Eher selten sind einzelne Quarzkristalle völlig schwarz durch Turmalineinschlüsse und trotzdem noch glänzend. Meistens betrifft dies jedoch nur das Pinakoid und nicht den gesamten Kristall. Manchmal überlagern winzige, höchstens 1 mm große, stark glänzende, farblose und als einzige teilweise durchsichtige Quarzkriställchen als Rasen die Turmaline. Aus einigen Miarolen wurden auch moos- bis lauchgrün gefärbte Quarzgruppen bekannt. Die Tönung dürfte von eingeschlossenen Turmalinnadeln herrühren, so wie die matt dunkelroten Quarze aus einer kleinen Miarole durch Hämatit gefärbt sein dürften.

Turmalin

Der Turmalin kann aufgrund seiner Erscheinungsform (Analysen zur genauen Bestimmung fehlen) hauptsächlich dem schwarzen Schörl zugerechnet werden. Wie bereits erwähnt, tritt der Turmalin häufig in Form von radialstrahligen Aggregaten mit einem Durchmesser bis zu 10 cm auch im reinen Granit auf. In den Geoden selber erscheint er entweder feinnadelig auf- oder eingewachsen mit Quarz und Orthoklas, wobei selten eine Länge von 1 cm überschritten wird. Dasselbe gilt für den Turmalin, der in den Miarolen vorkommt. Ästhetisch besonders reizvoll sind hingegen jene Turmaline, die zu kugeligen Aggregaten mit bis zu 3 cm Durchmesser oder in garbenförmigen Bündeln, mit bis zu 1 cm Länge, verwachsen sind. Diese sitzen teilweise auf Quarz und/oder Orthoklas auf oder begleiten sie. Einzelne freistehende Nadeln sind sehr selten. Vom granitischen Körper im Areal des Bergwerkes La Bedovina auf Quote 1600 bis 1700 m Seehöhe, also weit über dem eigentlichen Granitsockel des Monte Mulat, ist ein turmalinführender Gang im stark korrodierten und ausgebleichten Granit bekannt, welcher einst schöne stängelige Kristalle von Turmalin lieferte, die in wirren Aggregaten verwachsen waren. Aus dem umliegenden, wiederum rosaroten Granit sind dem Autor zudem kleine Pegmatite bekannt, die vereinzelt kleine dicksäulige Turmaline enthalten, die auch Endflächen aufweisen, wobei die Größe der Kristalle kaum über einen halben Zentimeter reicht.

Granat auf Hornblende. Viezena, Fleimstal. Bildbreite ca. 1.2 cm (Sammlung Schranzhofer).

Orthoklas

Dieser Feldspat, auf den auch Färbung des Granits zurückzuführen ist, tritt in den Geoden meist untergeordnet auf, kann aber mitunter beachtliche Längen von über 10 cm erreichen. Er zeigt dabei eine prismatische Gestalt, meist nach der c-Achse etwas gedrungen, und ist von ziegelroter oder noch etwas dunklerer Farbe. Meist sind die Individuen gestochen kantenscharf und sowohl nach dem Bavenoer als auch nach dem Karlsbader Gesetz verzwillingt. Zudem treten noch vielflächige Individuen auf, deren durchschnittliche Größe 1 bis 2 cm beträgt. In den pegmatitisch veränderten Schlieren am Südostabhang des Mulat tritt der Orthoklas in etwas helleren, meist sehr schlanken und großen Kristallen auf, welche aber selten frei gewachsen sind und somit oft keine Endflächen aufweisen. In den Miarolen selbst ist der Orthoklas sehr selten und kaum in ansehnlichen Kristallen vertreten.

Fluorit

Als akzessorisches Mineral ist er relativ häufig. Meistens findet er sich aber in derben Massen, die bis Faustgröße erreichen können. In guten Kristallen ist er eher selten anzutreffen, auch wenn G. Gasser in seinem klassischen Werk zu den Mineralien Tirols schreibt, er habe bei einem Steinbrucharbeiter *„ein reichlich 5 cm großes Fluoritkristallbruchstück“* gesehen. An den Kristallen kommen durchwegs die Grundformen des Minerals zum Tragen: der Würfel und das Oktaeder. Bei beiden Varianten sind die größeren Exemplare 1 bis 2 cm groß. Ihre Oberfläche ist fast immer rau und/oder matt durch die zersetzende Wirkung von Säuren oder anderen korrodierenden Einflüssen. Farblich herrschen Blautöne vor, aber es gibt auch grünliche und hellgelbliche Varianten. Der Fluorit kann auf Quarz, Orthoklas oder Turmalin aufgewachsen sein, aber auch direkt auf der Matrix ruhen. Was die Verteilung des Minerals innerhalb des Granitsockels anbelangt, sei auf den allgemeinen Teil dieses Artikels verwiesen.

Die folgenden Mineralien kommen nur relativ selten in den Geoden oder Miarolen des Granits vor, zeigen aber fallweise eine hübsche Ausbildung und sollen deshalb auch noch kurz beschrieben werden.

Pyrit, Chalkopyrit und Arsenopyrit

Meist kleine, häufig oxydierte Pyritkristalle in kombinierten Würfelformen sind manchmal auf Turmalin oder dem Muttergestein direkt aufgewachsen. Dasselbe, bis auf die Kristallform, welche natürlich die für das Mineral typischen Eigenarten aufweist, kann man auch vom Chalkopyrit sagen. Erst im Sommer 2000 konnte in einer mit

„Tre puntei" werden sie im Fassatal genannt. Es handelt sich um Pseudomorphosen von Quarz nach Analcim. Links: Kristall 1 cm, Sammlung Oreste Ganz, Fassatal. Rechts: Bildbreite 5 cm. Sammlung Tone Zulian.

Links: Ausgezeichnetes Beispiel eines Apophyllitkristalles, der mit Quarz aufgefüllt wurde. Breite 3 cm. Rechts: Ersatz eines Pyroxens durch Lizardit (Kristallgröße 2 cm). Sammlung: Familie Schranzhofer.

Links: Lizardit pseudomorph nach Gehlenit. Canzoccoli (Predazzo), Bildausschnitt 4 cm. Rechts: Lizardit pseudomorph nach Spinell, Monzoni. Sammlung Familie Schranzhofer.

Rund um Südtirol und die Dolomiten

Bücher und Videokassetten – um das Thema weiter zu vertiefen.

Die Kristallsucher

Zwei wunderbare Bände - Ein herausragendes Werk:

Beide Bände bilden zusammen ein Gesamtwerk, sind aber auch einzeln erhältlich. Dieses Werk ist eine Liebeserklärung an die Mineralien, ihre Fundstellen und an die Kultur des Sammelns. Es behandelt vor allem die großartigen und weltberühmten Mineralfunde unserer Alpen.

Band 1

Die Kristallsucher

Auf der Suche nach den verborgenen Schätzen

160 Seiten, 310 Farbabbildungen, 21,5 x 29 cm
Laminierter Pappband
ISBN 3-921656-55-9
Euro 25,10

Band 2

Die Kristallsucher

Ein Gang durch Jahrmillionen

160 Seiten, 310 Farbabbildungen, 21,5 x 29 cm
Laminierter Pappband
ISBN 3-921656-56-7
Euro 25,10

Zwei großformatige Bände für je 25,10 Euro, zusammen sogar nur 45,50 Euro + Versandkosten.

Über das Suchen und Finden
Die einzelnen Kapitel:
Sammler, Sucher, Schatzgräber;
Von Schatzkammern und Wundern;
Zu allen Zeiten auf der Suche;
Kristallrausch im Schatten des Todes;
Steine vielfacher Erkenntnis

Über die Funde und ihre Entstehung
Die einzelnen Kapitel:
Am pochenden Puls der Erde
Das Wachsen der Kristalle
Von Granaten und Smaragden
Die ewige Verlockung des Goldes
Wenige Klüfte schreiben Geschichte

Frühere Lapis-Ausgaben, weiterführende Literatur:

www.Lapis.de

Der Schlüssel zur richtigen Fach- und Sammlerliteratur, zu aktuellen Nachrichten, zu Kontakten mit anderen Sammlern (z.B. via Kleinanzeigen), zu zahlreichen praktischen Tips und zu noch viel mehr …

Christian Weise Verlag • Orleansstraße 69 • D-81667 München
Tel. 089-480 29 33 • Fax 089-688 61 60 • e-mail: lapis.mineralienmagazin@t-online.de

Drei Bücher über die Entstehungsgeschichte der Dolomiten und deren Erforschung. Auch als Videokassetten erhältlich!

Dolomiten
Das Werden einer Landschaft

Reich bebildertes Buch über die Entstehung der Dolomiten. Ein Klassiker, das jeder haben muss.

BUCH
153 Seiten, 109 Farbabbildungen, 16,5 x 23,50
ISBN 88-7014-979-x
Euro 17,80

FILM
Laufzeit: ca. 45 Min.
Euro 22,80

Dolomiten
Reisen in die Urzeit

Die wechselvolle Erforschungsgeschichte der Dolomiten. Von den Dinosauriern bis zu den Höhlenbären.

BUCH
153 Seiten, 150 Farbabbildungen, 16,5 x 23,50
ISBN 88-8266-026-5
Euro 17,80

FILM
Laufzeit: ca. 30 Min.
18,80 Euro

Teiser Kugeln

Über die Geschichte der Teiser Kugeln, ihre Entstehung und das Sammeln.

BUCH
100 Seiten, 160 Abbildungen und Graphiken, 16,5 x 23,5
ISBN: 88-88125-02-7
Euro 12

FILM
Laufzeit: ca. 30 Min.
Euro 18,80